中华青少年科学文化博览丛书·科学技术卷

图说纳米世界>>>

中华青少年科学文化博览丛书・科学技术卷

纳米世界

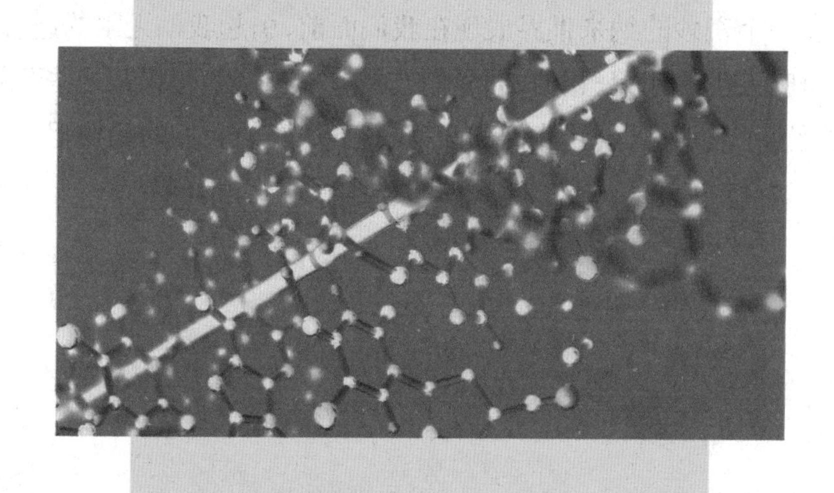

吉林出版集团有限责任公司 | 全国百佳图书出版单位

前言

21世纪,全球已经掀起了一股“纳米热”,世界各国竞相发展纳米科技,它俨然已成为“香饽饽”,处处都充斥着科学的力量。有关专家甚至认为,纳米科技必将会引起一场新的技术革命和产业革命。

事实上,在十多年前,“纳米”还鲜为人知,但现在“纳米”早已成为名洒“科学江湖”的“大侠”。不过,纳米真的有传闻之中的玄之又玄吗?它真的有那么神奇吗?而它代表的科技——纳米科技又是怎么一回事?

本书首先从发现纳米着手,逐一介绍了纳米世界的神奇、纳米科技的发展、纳米材料的神奇与微妙、纳米与生物之间的小秘密、纳米机器人、纳米在医学界的大展身手。而且,随着深入浅出的介绍,再配上精美的图片,渐渐地将一个奇妙的纳米世界展现在我们面前,引起我们无限的遐思,并不得不赞叹人类的伟大。相信,同学们已经迫不及待的想揭开这些萦绕在心中的疑团了。那么,就让我们翻开第一篇章,开始我们的揭秘吧。

目录

第1章 发现物质世界的"新大陆"——纳米

一、纳米是什么"米" …………………… 8
二、一纳米到底有多长 …………… 11
三、发现纳米世界 ………………… 14
四、我们身边的纳米世界 ………… 17
五、小小纳米世界创意多 ………… 25
六、一米(纳米)一世界 …………… 29

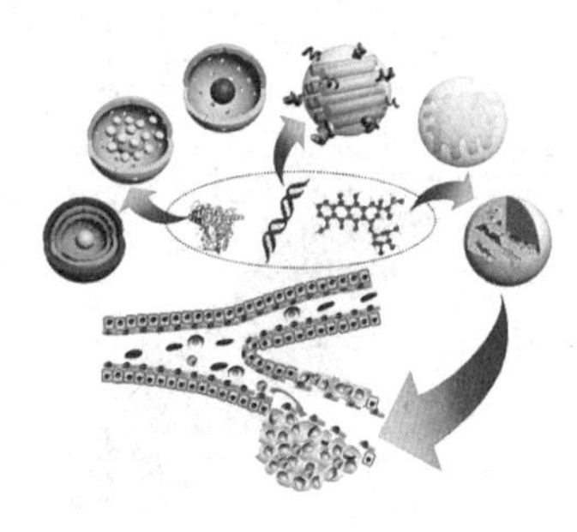

第2章 纳米科技

一、何为纳米科技 ………………… 33
二、纳米材料的"开山之作" ……… 36
三、纳米科技的发展史 …………… 38
四、打开"潘多拉魔盒"的钥匙 …… 43
五、新的"革命"来"袭" ………… 48
六、纳米技术在生活中的应用 …… 50
七、纳米技术在军事中的应用 …… 54
八、纳米技术带来的弊病 ………… 57

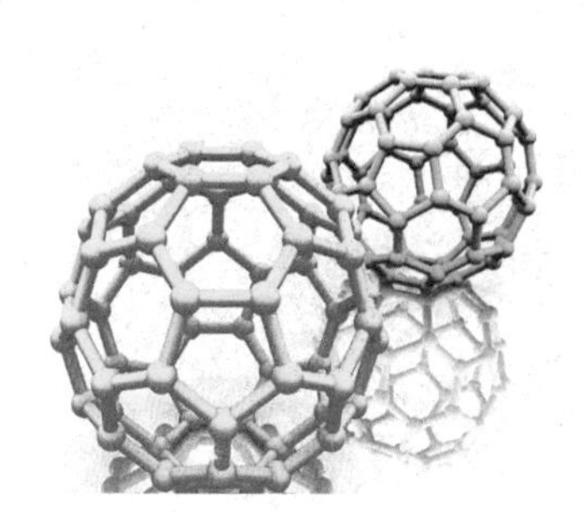

第3章 纳米材料

一、何为纳米材料 ………………… 61
二、浅谈代表纳米探索之路的
几种纳米材料 ………………… 65
三、纳米材料的发展史 …………… 70
四、纳米大变身 …………………… 76
五、如何制造纳米材料 …………… 80
六、纳米纺织品 …………………… 83
七、纳米"天梯" ………………… 86

目录

八、窥探“飞檐走壁”的秘密……………89

第4章 生命与纳米

一、生物体中纳米级的工厂……………93
二、生物体中所体现出的高超纳米科技…98
三、生物之间的奇异特性…………… 100
四、开辟生命研究的新天地………… 105
五、生物电脑………………………… 109
六、纳米级的生物工程产业………… 112

第5章 纳米机器人

一、纳米器件………………………… 117
二、纳米机器………………………… 120
三、微型机器人……………………… 124
四、纳米机器人的神通……………… 126
五、纳米生物机器人………………… 129
六、军用纳米机器人………………… 131

第6章 医学界新起之秀——纳米

一、纳米基因治疗法………………… 136
二、纳米磁性材料在医学界的应用… 140
三、利用纳米捕捉病毒……………… 143
四、纳米耳…………………………… 146
五、纳米药物………………………… 150
六、生物自疗………………………… 153
七、妙手回春之术:器官的完美修复… 155
八、探索纳米技术在中药之中的作用… 157

第1章

发现物质世界的“新大陆”——纳米

◎ 纳米是什么“米”
◎ 一纳米到底有多长
◎ 发现纳米世界
◎ 我们身边的纳米世界
◎ 小小纳米世界创意多
◎ 一米（纳米）一世界

第1章 发现物质世界的"新大陆"——纳米

一、纳米是什么"米"

当下，在特定的时间里，总有些新的概念、新的词汇在社会上变得流行，尤其是那些网络语言、时新技术语，更是成为时下青少年口中的代名词。比如浮云、神马、纳米，等等。可是，你若要问他们什么是"纳米"，相信没有几个人能顺利的将其描述。别说是他们，相信大部分人都不知道其为何物。不过，却依然执着的追求社会上所盛行的"纳米品"。可爱的孩子，不知道你们是否听过这个笑话？在农村，村干部开会，是先讲大米，再讲小米，最后还要讲讲"纳米"。不过，究竟他们如何谈"纳米"，想必也能略猜一二。

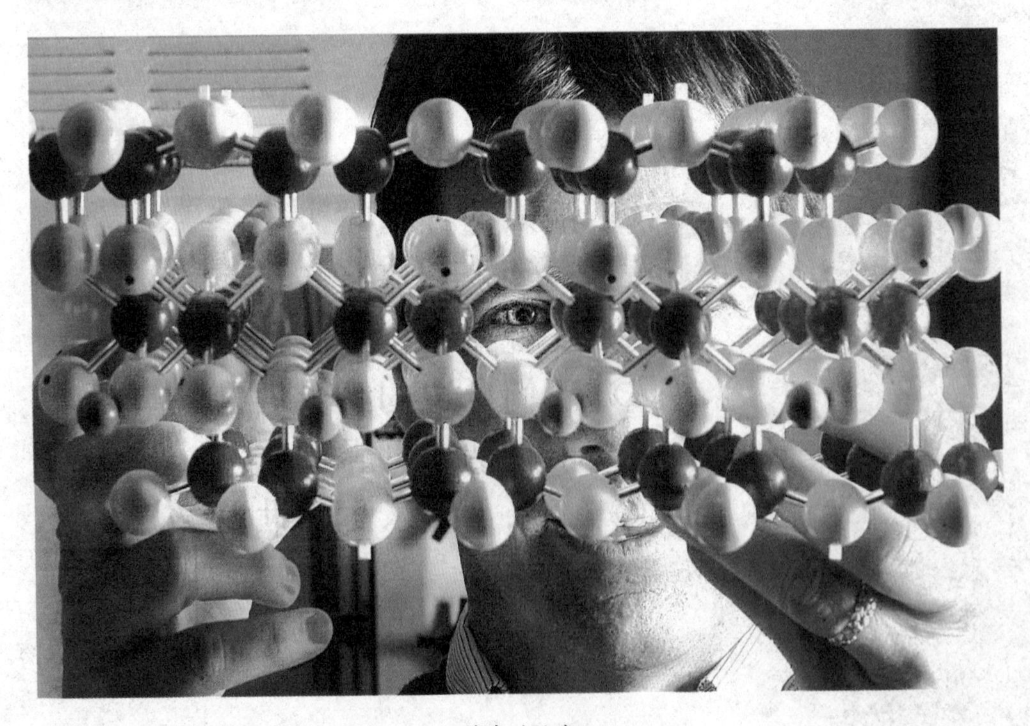

神奇的纳米

或许，在有些人看来，这只不过是一个笑话，而且并不是很好笑的那种笑话，但是你们不得不承认，这个笑话很有代表性地表征了社会上“纳米热”的两个特征：第一便是这个概念或者说词汇传播普及的程度已经如此广泛；第二便是这一概念来自前沿科技领域。因此，在人们对它津津乐道之时，难免会存在很多误解。以至于在一段时间内的日常生活消费品中，从洗衣机到冰箱，从饮水杯到鞋垫，诸多产品都被某些商家“巧妙”地与纳米联系起来，仿佛我们一下子就已经进入纳米时代，而那些非纳米产品，简直就要马上被淘汰出局一般。或许，正是人们这种盲从心理才造就了某些商家的投机取巧，一时掀起“纳米品”狂潮。而你若要问他们是否能将纳米道个所以然来，他们大多一知半解，甚至一片茫茫然。

那么，究竟什么是纳米呢？纳米，又称毫微米，它与厘米、分米和米一样，都是长度的度量单位。它对应的英文是nanometer，它的法定单位符号为“nm”。人们也许会想，兜兜转转，纳米不过是一种计量单位，但若要真正剖析其原本面目，探索其在现实生活中真正发挥的作用，似乎并不是三言两语就能囊括的。比如，据悉中国古代字画之所以历经千年而不褪色，是因为所用的墨是纳米级的碳黑组成；中国古代铜镜表面的防锈层也被证明是由

谢纳米

纳米氧化锡颗粒构成的薄膜。只不过，当时的人们并没有清楚地了解而已。

那么，由神奇的小纳米组成的究竟是一个什么世界呢？可以毫不夸张地说，纳米世界处在独立的原子或分子和宏观世界之间。在纳米世界里，人们能够直接以最基本的原子或分子为操纵对象。因此，可以想象，纳米将是多么的微小，是人们的肉眼所不能观望的。不过，正是这小小的纳米，造就了一段段传奇，成就了另一个伟大的世界——纳米世界。

原子

原子是化学反应的基本微粒，在化学反应中不可分割，它是由原子核和围绕原子核运动的电子组成的。

原子

电子

电子是构成原子的基本粒子之一，质量极小，带负电，在原子中围绕原子核旋转。

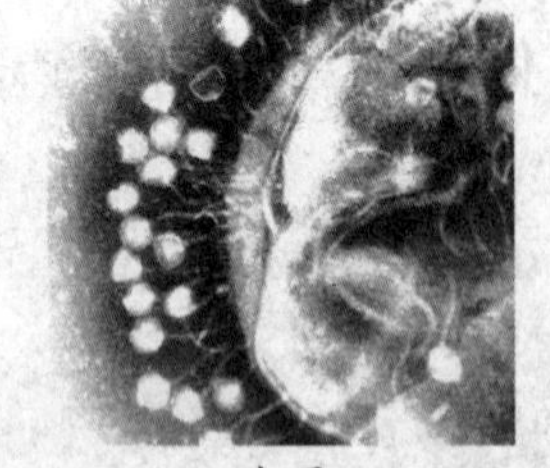
电子

分子

分子是独立存在而保持物质化学性质的一种粒子，它有一定的大小和质量，分子之间有一定的间隔，并总是在不停的运动。分子与分子之间有一定的作用力，它们可以构成物质。

分子是由原子构成的，原子通过一定的作用力，以一定的次序和排列方式结合成分子。

分子

二、一纳米到底有多长

纳米，既然是一种长度单位，那么，1纳米到底有多长呢？想必大家都知道，1米的千分之一是1毫米，1毫米的千分之一是1微米。这已经是小乎其小的了，然而1纳米却还是1微米的千分之一。若用数学式来表达，就是：1纳米=10^{-9}米。

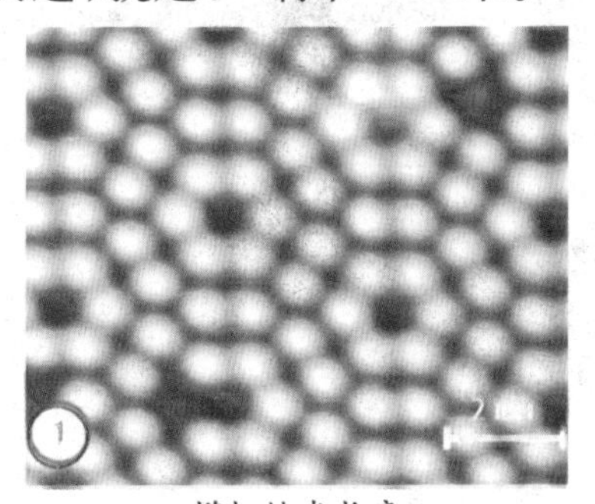

模拟纳米长度

或许在人们看来，根本就想象不出那究竟是一个什么样的概念，究竟该如何测量。诚然，纳米的确是微乎其微，它仅相当4倍原子的大小，万分头发的粗细。形象地讲，若将1纳米的物体放到乒乓球上，就像一个乒乓球放在地球上一般。或许，对你们来说，原本能想象的微观世界基本上就到微米以下。比如，到毛细血管有几十微米，你们就觉得已经非常之细微了。但是，在纳米世界里，那是一个长江，而纳米颗粒基本上是长江里的一只青蛙。

或许，对人们来说，如此来解释纳米的长度又未免有些冠冕堂皇。因此，更明了的就是用具体实物来表示。事实上，平常一根头发丝的直径约有8万纳米；血液中红细胞的直径大约为几千纳米；一个身高2米的人若换算成纳米就有2×10^{-10}纳米高。若将1米与1纳米相比，就相当是地球的直径与一个玻璃弹球的直径大小；若将典型纳米粒子(巴基球)比作足球那么大，那么一个足球将会比地球还要大。试想一下，那又将是怎样的一种情境呢？

不知道我们是否能够想象到，如果从地上到你的腰是1米高，那么其千分之一是1毫米；你手上拿着共1毫米厚的1000张最薄的纸，每张厚度为1微米。若将这厚度为1微米的薄纸再分成1000份，它的厚度才是 1 纳米。

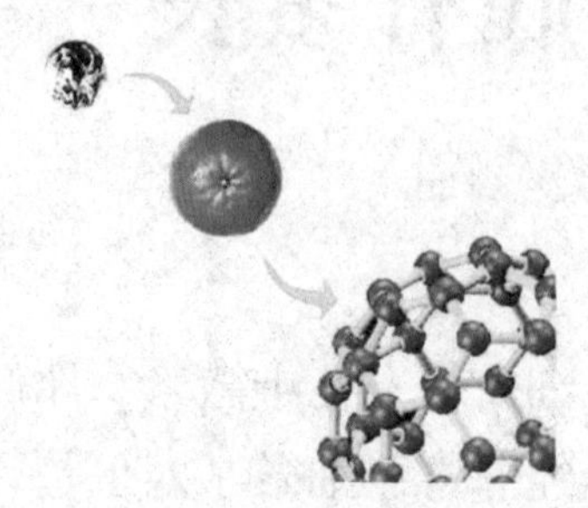

通过模型，说明纳米粒子的大小

一般来说，我们可以用纳米尺度去计量原子、分子、病毒、细菌等的大小。如氢原子的直径约为 0.08 纳米，气体分子的直径为 0.1 ~ 0.2 纳米，金属原子的直径为 0.3 ~ 0.4 纳米。生物体内多种病毒的直径一般为几十纳米，如非典 (SARS) 病毒的直径为 80 ~ 120 纳米。

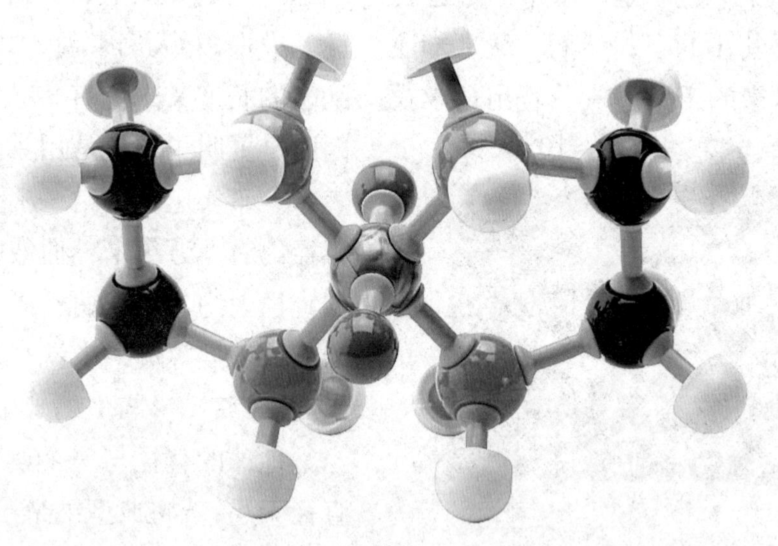

分子结构

巴基球

巴基球与 C60 属于同义词。近年来，科学家们发现，除了金刚石、石墨以外，还有一些新的以单质形式存在的碳。其中发现较早并已在研究中取得重要进展的就是 C60 分子。其是一种由 60 个碳原子构成的分子，形似足球，因此又名足球烯。C60 是单纯由碳原子结合形成的稳定分子，它具有60个顶点和32个面，其中12个为正五边形，20个为正六边形，其相对分子质量约为720。

相对原子质量

$$M\text{的相对原子质量}=\frac{\text{一个M原子的质量}}{\text{一个碳原子质量}\times\frac{1}{12}}$$

相对原子质量是以一个碳-12原子质量的1/12作为标准，任何一种原子的平均原子质量跟一个碳-12原子质量的1/12的比值，称为该原子的相对原子质量。

相对分子质量

相对分子质量是指化学式中各原子的相对原子质量的总和。

长度单位换算

1尧米(1Ym)=1 000 000 000 000 000 000 000 000米
1泽米(1Zm)=1 000 000 000 000 000 000 000米
1艾米(1Em)=1 000 000 000 000 000 000米
1拍米(1Pm)=1 000 000 000 000 000米
1太米(1Tm)=1 000 000 000 000米
1吉米(1Gm)=1 000 000 000米
1兆米(1Mm)=1 000 000米
1千米(1km)=1 000米
1百米(1hm)=100米
1厘米(1cm)=0.01米
1毫米(1mm)=0.001米
1微米(1um)=0.000 001米
1纳米(1nm)=0.000 000 001米
1皮米(1pm)=0.000 000 000 001米

第1章 发现物质世界的"新大陆"——纳米

三、发现纳米世界

在历史的长河中，当人类开始对物质世界有认知时，是从直接用肉眼能够看到的事物表象开始的，然后随着科学技术的进步，才开始不断向大小两个相反的方向拓展。大的方向是在宏观领域发展，小的方向就是进入微观领域。

纳米世界：飘飞的雪景

人类是伟大的！马不停蹄地创新、发展，在宏观世界研究的对象也随之越来越大、越来越远，甚至已经超出太阳系，延伸到"宇观"领域。而银河系、河外星系等都属于这个领域。目前，已经观测到的宇宙最远处距离地球为1兆兆光年。

在微观世界，人们对微观层次的研究也不断深入，已经敲开了原子核，进入了"妙观"领域。在那里，人们惊奇的发现，原来不仅构成"物质大厦"的最小"砖块"——原子是可分的，而且原子核也是可分的，原子核内部还能够放出惊人的能量。真空不再是人们从前认知的空空如也，而是基本粒子热闹非凡的地方。从"微观"到"妙观"，这里物质世界的时空尺度在10^{-14}米以下，最小时间以10^{-15}秒计。

纳米世界：纳米金针菇

就在人们探索"宇观"和"妙观"世界的同时，偶然发现人类知识大厦上存在着一条"裂缝"——裂缝的一边是宏观世界，另一边是微观世界。事实上，这两个世界之间并不是简单的链接，而是存在着一个"介观"过渡区。而且，人们惊讶的发现，在这个"介观"过渡区内，尤其是当物质的尺度小到0.1～100纳米时，其性能就会发生突变，出现许多奇异的、崭新的物理性能。如，一个导电又导热的铜或银导体，做成纳米尺寸后，就变得既不导电，也不导热；把铁钴合金制成20～30纳米大小时，它的磁性要比原来高1000倍；水是我们最熟悉的东西。想必大家都知道，无论是从宏观尺度，抑或是微观尺度，油水都是不相溶的，根本没有办法将其混在一起。但是如果到了纳米尺度上，它们就能够很好的相溶，成为热力学的稳定相。

那么，这究竟是为什么呢？是否还有什么是我们未曾探索过的？细细分析，蓦然发现，原来0.1～100纳米之间竟是科学界中认识的一个盲区，是未开垦的"处女地"。无疑，这引起了一大批科学家的极大兴趣。而这片"处女地"也就是所谓的物质世界的"新大陆"——纳米世界，一个远离我们感观的小尺寸世界。

纳米世界：纳米万花筒

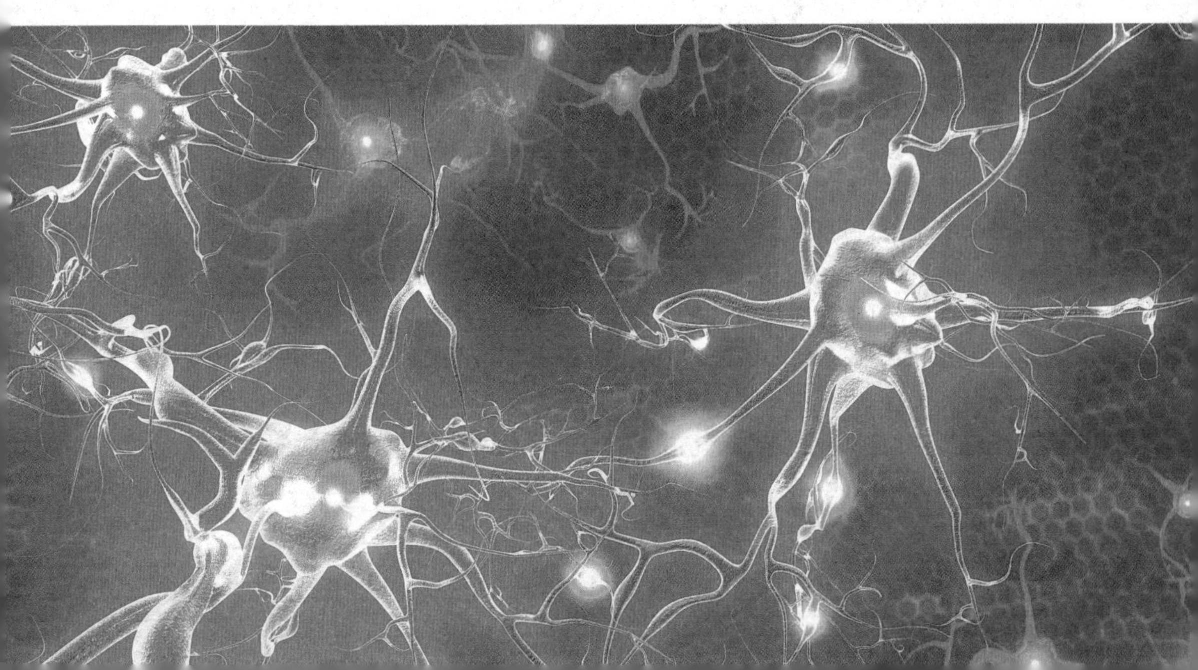

光年

“年”是时间单位，但“光年”虽然有个“年”字，却不是时间单位，而是天文学上一种计量天体距离的单位。宇宙中天体间的距离很远很远，如果采用我们日常所用的米、千米作为计量单位，那么计量天体距离的数字动辄十几位、几十位，很不方便。于是，天文学家便创造了一种计量单位——光年，即光在真空中一年内所走过的距离，1 光年约为 94600 亿千米。

光年

妙观

“妙观”是著名科学家钱学森提出的。1934 年，钱学森在上海交通大学机械工程系毕业。1935 年，他留学美国，先后获麻省理工学院航空系硕士，美国加州理工学院航空、数学博士学位，并任麻省理工学院教授，加州理工学院喷气推进中心主任、教授。1955 年，他冲破重重阻力返回祖国，曾任中国科学院力学研究所所长、国防部第五研究院（导弹研究院）院长，等等。

钱学森

在 20 世纪 60 年代关于原子模型的大讨论中，钱学森总结了最新的科学成果后提出了“妙观”概念。“妙观”层次的探究，推动了粒子加速器、对撞机、电子显微镜、原子弹、氢弹的产生，以及原子能发电、高能辐射技术的广泛应用和激光的发明。

四、我们身边的纳米世界

从物理学的角度看，构成物质世界大楼的基本“砖块”，只不过是60种基本粒子；从化学角度看，构成物质世界的基本砖块，也不外乎周期表上那118种元素，而常用的又仅有56种。但无机、有机的物质却有无穷无尽的种类。为什么大千世界能有如此的造化？这当然要归功给大自然这个百变魔术师的高超手段。然而，真正的奥秘却是那“深藏不露”的天然纳米物质。事实上，随着纳米世界的发现，人们也逐渐认识到，在自然界中早就存在着具有神奇功能的天然纳米物质，如出淤泥而不染的荷花、树叶里的叶绿体粒子、蜘蛛丝，等等。

天然的“纳米纺织面料”

为什么雨滴落在荷叶上，还能晶莹剔透、完整无瑕呢？为什么它不被荷叶吸收呢？那是因为荷叶的表面上有许多微小的凸起，凸起的平均大小约为10微米，平均间距约为12微米。而每个凸起是由许多直径为200纳米左右的毛状结构组成的。因此，在“微米结构”上再迭加上“纳米结构”，便造就了荷花的疏水性能，因而水珠也能在荷叶上继续维持着它的晶莹。

对植物来说，它的叶子中的叶绿体是植物细胞里的纳米粒子，能利用太阳能进行光合作用，将二氧化碳和水转化成储存着能量的有机物，并释放出氧气。根瘤菌是伴生在豆科植物根部的纳米粒子，它能合成蛋白质。构成生命要素之一的核糖核酸蛋白质复合体，其粒度在15～20纳米之间。事实上，细胞中所有的酶都是能完成独特任务的“纳米机器”，它们在微观世界中能精确地制造物质。为什么我们的牙齿能如此坚固？那是因为在牙齿的表面上排列着纳米尺寸的微晶。

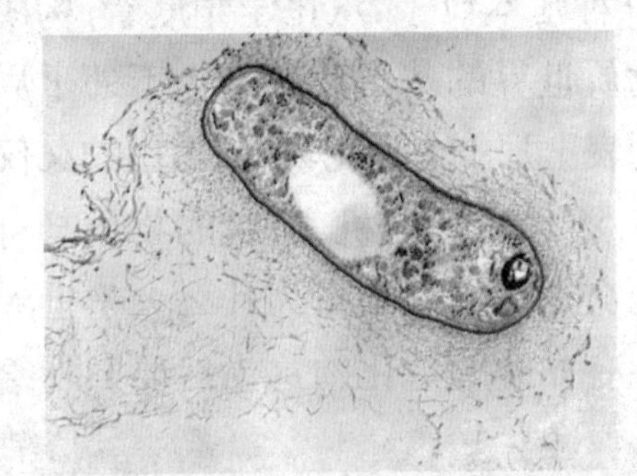

根瘤菌

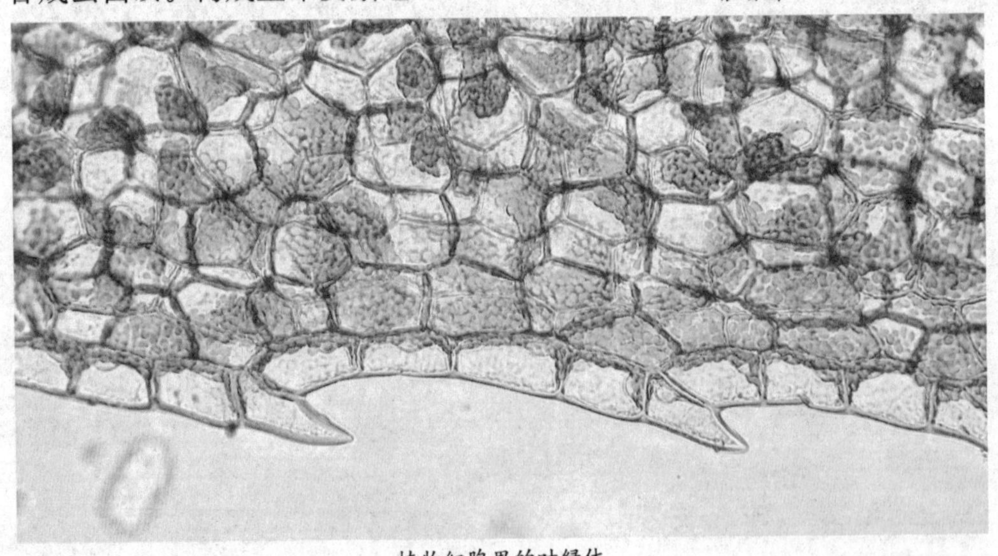

植物细胞里的叶绿体

大自然的奥秘是无穷的，不单单在植物界具有天然纳米，在动物界的纳米世界也同样是多姿多彩。

大家都见过蜘蛛网，那网丝虽

然看上去轻盈无比，却又是那么的坚韧。那么，蜘蛛丝是如何产生的呢？又与纳米有何紧密的关系呢？事实上，在蜘蛛肚子里，有一种黏稠的液体——丝蛋白。当蜘蛛要织网时，便会依靠它们那强有力的腿，将那些丝蛋白通过它们腹部尾端吐丝器的细孔拉出来。而丝蛋白一旦遇到空气便很快凝结、硬化，变成一根根闪闪发光的蜘蛛丝。那些从微细管中拉出的极细的蜘蛛蛋白丝，它们的最小直径只有20纳米。我们千万不要小看这小小的蛋白丝，它们乃是真正天然的纳米纤维，不但具有很高的强度、弹性、柔韧性、伸长度和抗断裂强度，而且还具有轻盈、耐紫外线、生物相容性好等特点。它们其中的一些功能是金属或纤维难以模拟的。

坚韧无比的蜘蛛丝

蜘蛛吐丝

蝴蝶是美丽的。它翅膀上变化多端、绚烂美好的花纹让人们深深着迷。同时，这也让科学家们深深感到疑惑：蝴蝶那令人眼花缭乱的颜色是如何形成的，又有什么不同意义呢？最近，荷兰格罗宁根大学物理学博士希拉尔多发现了解决这个问题的通道。在研究了菜粉蝶和其他蝴蝶翅膀的表面后，希拉尔多揭示了这个秘密：翅膀上的纳米结构正是蝴蝶的“色彩工厂”。

为什么将蜜蜂放在3000米的高空，它们会返回到自己的蜂房？那是因为在蜜蜂的体内存在着带有磁性的纳米粒子，而这种粒子本身就具有“罗盘”的作用。

有一种海龟在佛罗里达海边上产卵，幼小的海龟为了寻找食物，游到大西洋的另一侧靠近英国的小岛附近海域生活。从佛罗里达到这个岛屿的海面再回到佛罗里达，来回的路线根本不一样，就相当是沿顺时针方向绕大西洋一圈，花费5～6年的时间，行程几万里。它们能准确无误地到达目的地究竟是靠什么导航的呢？原来海龟靠的也是其头部所携带的磁性纳米微粒，它们就是凭借这种纳米微粒在地磁场中导航不会迷失方向，能准确无误地完成长途旅行后回到出发点。

大自然中处处皆有纳米粒子。蓝蓝的天空上漂浮着的朵朵白云，它们是由很多小水滴形成的，而其中就有纳米尺度的小水滴。清晨，江面上弥漫着的茫茫迷雾，也是由空气中的小水滴形成的，其中自然也有纳米尺度的小水滴。

墨迹

美丽的蝴蝶翅膀.

我国安徽省出产的著名徽墨，主要原料是烟凝结成的黑灰，在凝结的初期就会有看不见的细小纳米级颗粒。人们把从烟道里扫出的黑灰与树胶、少量香料及水分制成徽墨，因此很名贵。一般来说，制墨时所用的黑灰越细，墨的保色时间越长，写字效果也就越好！

蜜蜂

由此可见，在美丽的大自然中，纳米几乎无处不存在，它已经走进我们的生活之中，只不过还不时地戴着神秘的面纱，等着我们去掀起那层神秘之纱，犹现真颜。

游动的海龟

朵朵白云飘

知识卡片

叶绿体

叶绿体是植物体中含有叶绿素等用来进行光合作用的细胞器，是植物的“养料制造车间”和“能量转换站”。

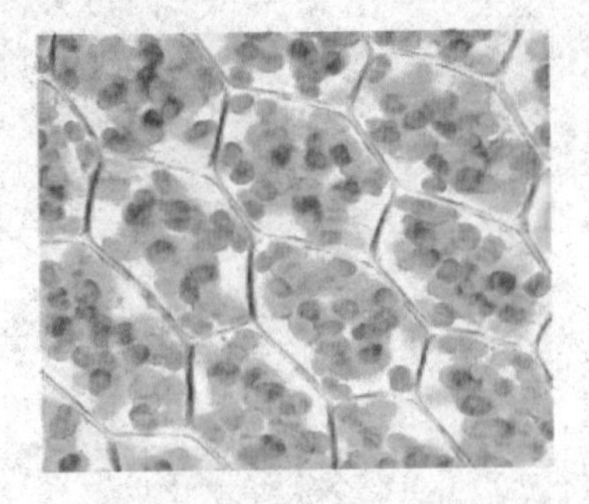

叶绿体

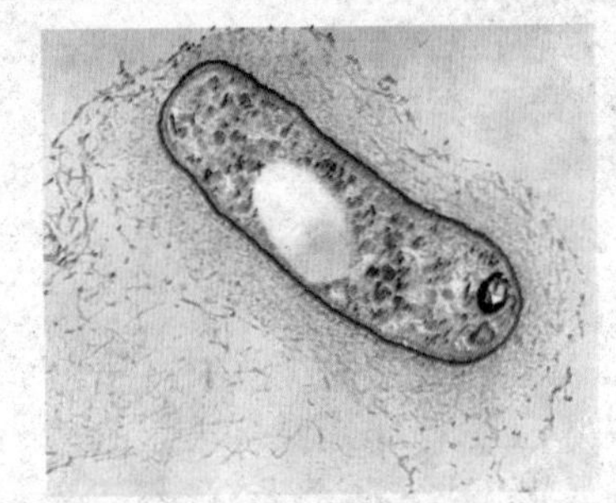

根瘤菌

根瘤菌

根瘤菌是指能与豆科植物共生，并将空气中的氮还原成氨供植物营养的一类革兰氏阴性菌。

核糖核酸

核糖核酸是生物细胞以及部分病毒、类病毒中的遗传信息载体，由至少几十个核糖核苷酸通过磷酸二酯键连接而成的一类核酸，因含核糖而得名，简称RNA。

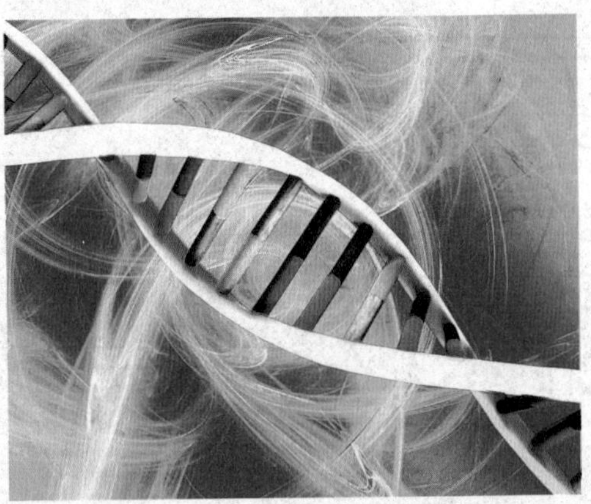

核糖核酸

五、小小纳米世界创意多

人类是伟大的。眼看着如此多的天然纳米物质，他们岂能任由这么好的素材隐藏在大自然之中？于是，他们充分借鉴天然，创造出更多的人工纳米物质，在小小的纳米世界里融入不同的创意。无论是小物件，抑或是大物件，都折射出人类智慧的结晶。

纳米鼻子：嗅觉灵

美国NANOMIX公司和加州大学伯克利分校将合作研发一种新型的纳米电子鼻诊断设备，可以直接

电子鼻问世，癌症患者的福音

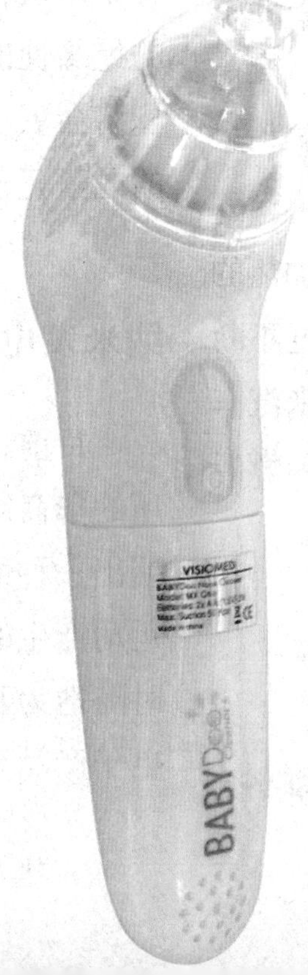

应用在临床，进行现场及时诊断。它与传统实验室技术不同的是，这种电子嗅觉传感器系统不仅使用方便，诊断速度快，而且还降低了成本。

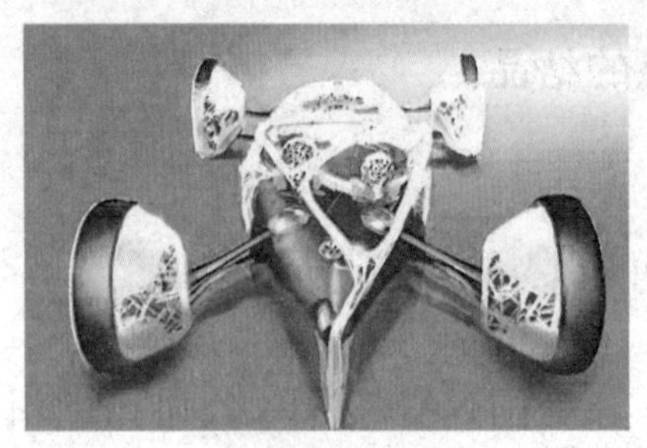
生物纳米汽车

纳米汽车：装上心脏

2005 年底，美国赖斯大学的研究人员曾经为一辆用有机分子制成的纳米汽车装上了底盘和轮子。不过，由于没有发动机，汽车只能“遥控驱动”，受电磁场的作用在加热的金属表面上行驶。目前，经过不断地研究，这个研究小组为纳米汽车装上了发动机，使它能以光为燃料开动。

纳米绝缘：电子元件更小

加拿大多伦多大学材料科学与工程系博士后本杰明 · 汉顿领导的研究小组曾经制成了一种新的纳米材料，经测试该材料绝缘性能良好，对制造出体积更小的电子元器件有帮助，甚至可以应用在医学上的皮肤给药技术。

研究人员将这种新的纳米绝缘材料称为中孔有机硅材料，是一种优秀的绝缘材料，可以用来隔离微电子元器件中的细小电路。目前，芯片制造商用来阻止电线之间相互接触和相互干扰的常规方法是使用硅玻璃作为电线间的绝缘材料。如若采用这种纳米绝缘，不但有更好的绝缘性能，而且其所占空间的体积将会更小，以便可以制造出更小的电子元器件。

纳米发电机：运动就发电

目前，美国乔治亚州技术研究所的华裔研究生王仲林和宋锦辉发明出一种纳米发电机，其能把身体运动产生的机械能转化成电能，随时随地为我们的手机、手提电脑等电子产品充电。

另外，该纳米发电机通过氧化锌纳米金属丝的弯曲或者松弛释放出电压,在机械应力作用下,就可以产生电流。由于氧化锌本身无毒，这种纳米发电机可以被安全地移植到人体上。

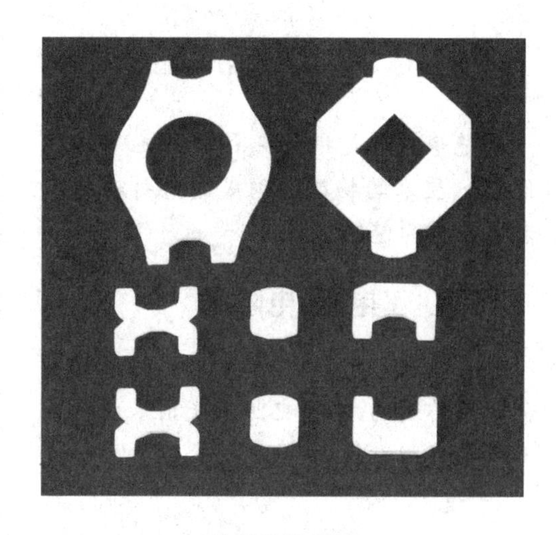

纳米绝缘材料

倾听细菌游弋

美国加利福尼亚州 Pasadena 市的喷气飞机推进器实验室曾经研制过一种被称为“纳米麦克风”的微型扩音器。

对科学家来说，他们不但可以利用这种新产品，对其他星球上是否存在生命进行探测，而且还可以让他们倾听到正在游动的单个细菌的声音,以及细胞体液流动的声音。

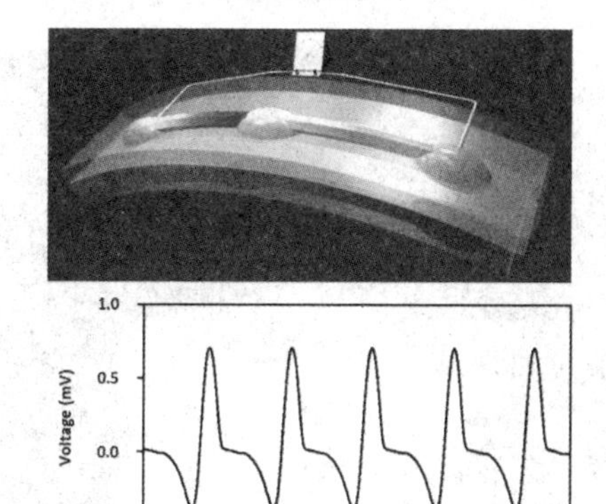

交流纳米发电机

知识卡片

绝缘

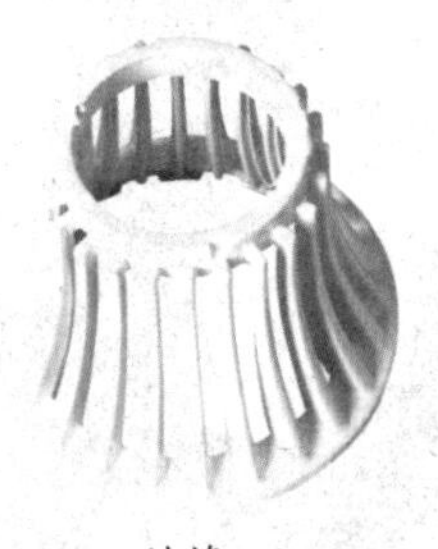

绝缘

绝缘是指使用不导电的物质将带电体隔离或包裹起来，以对触电起到保护作用的一种安全措施。良好的绝缘对保证电气设备与线路的安全运行,防止人身触电事故的发生是最基本、最可靠的手段。

绝缘材料

绝缘材料是指电阻率为 109 ～ 1022 欧姆·厘米的物质所构成的材料在电工技术上称为绝缘材料。

电阻、电阻率

在物理学中，用电阻来表示导体对电流阻碍作用的大小；电阻率是用来表示各种物质电阻特性的物理量。

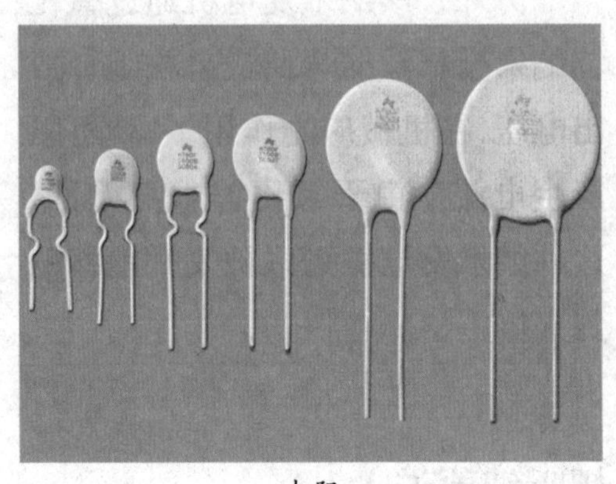

电阻

绝缘材料

六、一米(纳米)一世界

佛曰:“一砂一世界,一花一天堂。”

一粒砂,虽细小,但也可拥有属于自己的大千世界;一纳米,虽渺小至极,肉眼不可视之,但也演绎着一个五彩纷斓的世界,令世人目不暇接。

量子艺术

人们曾想过可以在纳米晶体上做“文章”——画画。然而事实上,这已成为伟大的事实:科学家们利用高分辨率的聚焦离子写入技术,将 19 世纪英国画家威廉 · 布莱克的经典名画转移到了可以精细调节的纳米晶体上,他们将之称为“量子艺术”。

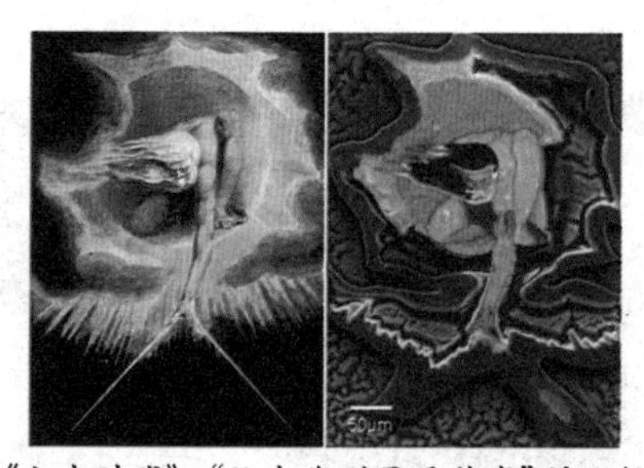

《上古时代》:“从古典到量子艺术”的比较

这张被提名为“上古时代”的光致荧光照片其实就是多孔硅,精度为 100 微米。其是科学家先用聚焦氦离子束对多孔硅进行处理,然后再氢氟酸里用电化学腐蚀而成。不过,由于量子限制效应,腐蚀后剩下的硅的骨架就能发出可见光。

在这张图片里,我们能够看到橙红色勾勒出的男人,正伸出左手去拿红色球上的一副橙黄的圆规。他的脸和须发是用黑色完成的,事实上,这些黑色区域是用高的氦束剂量来达到的。

向日葵般的显示屏

我们是否看过向日葵般的显示屏?是不是也同样感觉到它的妙不可言?

初见这幅美丽的图画,真的有种惊艳的感觉!觉得它简直就是多幅梵高名画《向日葵》的组合体,美丽至极。事实上，它不过是双噻吩蒽分子的显微图像。双噻吩蒽分子由五环组成，看起来像极五朵向日葵花。虽然它的名称听上去很专业，但它不过是有机薄膜电晶体，可以用在显示屏上。因此，我们将会看见如向日葵般的显示屏。

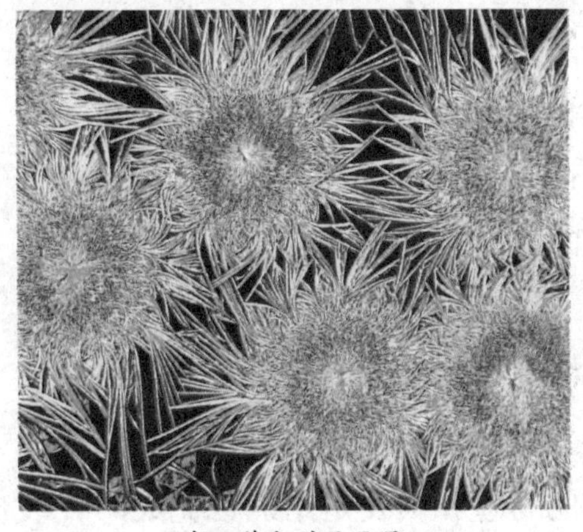

向日葵般的显示屏

纳米黄金金字塔

埃及金字塔想必大家都熟知吧！但是，我们是否能想象出“纳米金字塔”？那将是多么的神奇！

纳米金字塔

初看，这幅图画还蛮壮观。其实它不过是在硅基座上的纳米金字塔的高分辨扫描电子显微镜图片。这种纳米颗粒阵列具有定向的光学性能，该种特性将令人们对纳米尺度里的光和物质的相互作用具有了更深的理解。

纳米金表面上的水珠

纳米金已经微乎其微，而且是

纳米金表面的水滴

肉眼不可直接视之的。我们是否能够想象出若在纳米金表面上有一滴水珠，那将会是怎样的一种情境。是不是感觉到不可思议？不过，这已成既定事实。

初看这幅图画，真的不知道这流光溢彩的圆形体是纳米金表面的上的一滴水珠。事实上，这美丽的颜色是由白光反射和纳米金表面上的等离子体激元所形成的。

花粉上的黄昏

最美不过夕阳红。黄昏是美丽的，但我们是否想象过在花粉上也会有别样的黄昏？它同样是美丽的，同样有依依不舍的一抹夕阳。

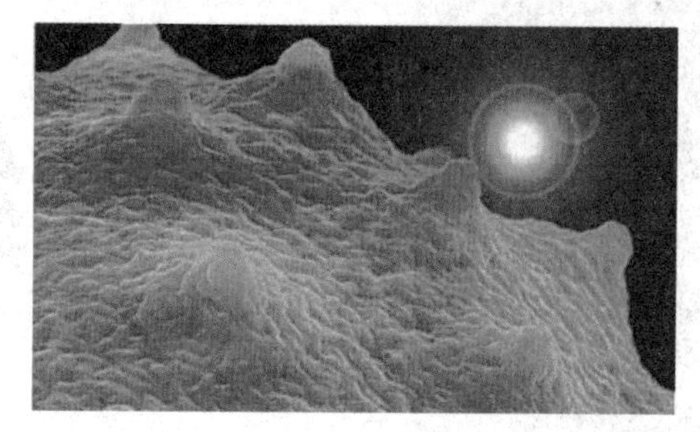

花粉上的黄昏

初看，这幅画面似曾相识，似乎每个美丽的傍晚，都会有如此淡淡的黄金色彩。事实上，它不过是一个二氧化钛花粉表面的扫描电子显微镜照片，其外观上的粒状表面是纳米晶体锐钛矿。

知识卡片

纳米金

纳米金是指金的微小颗粒，其直径在1～100纳米，具有高电子密度、介电特性和催化作用，能与多种生物大分子结合，且不影响其生物活性。

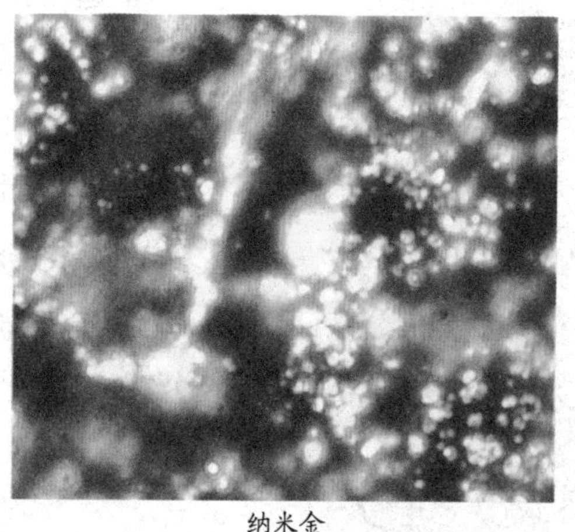

纳米金

第2章

纳米科技

◎ 何为纳米科技
◎ 纳米材料的“开山之作”
◎ 纳米科技的发展史
◎ 打开“潘多拉魔盒”的钥匙
◎ 新的“革命”来“袭”
◎ 纳米技术在生活中的应用
◎ 纳米技术在军事中的应用
◎ 纳米技术带来的弊病

第2章
纳米科技

一、何为纳米科技

当今世界，科技发展日新月异，纳米科技异军突起，它是一门交叉性很强的综合领域，而其研究内容又几乎涵盖现代科技的各个领域。

纳米技术，也称为毫微技术，是指在0.1～100纳米的尺度里，研究电子、原子和分子内运动规律和特性的一项崭新技术。科学家们在研究物质构成的过程中，发现在纳米尺度下隔离出来的几个、几十个可数原子或分子，显著的表现出许多新的特性，而利用这些特性制造具有特定功能设备的技术，也就是所谓的纳米技术，事实上，其是现代科学和现代技术结合的产物。

从迄今为止的研究状况来看，关于纳米技术可以分为三种概念。

第一种概念

1986年美国科学家德雷克斯勒博士在《创造的机器》一书中提出的分子纳米技术。根据这个概念，可以将组合分子的机器实用化，从而可以任意组合成所有种类的分子，可以制造出任何种类的分子结构。不过，该概念的纳米技术未取得重大进展。

第二种概念

就是将纳米技术定位在微加工技术的极限——通过纳米精度的“加工”来人工形成纳米大小结构的技术。这种纳米级的加工技术，也使半导体微型化即将达到极限。现有技术即便发展下去，从理论上讲也终究将会达到限度。因为如果把电路的线幅逐渐变小，将使构成电路的绝缘膜变得极薄，这样将会破坏绝缘效果。

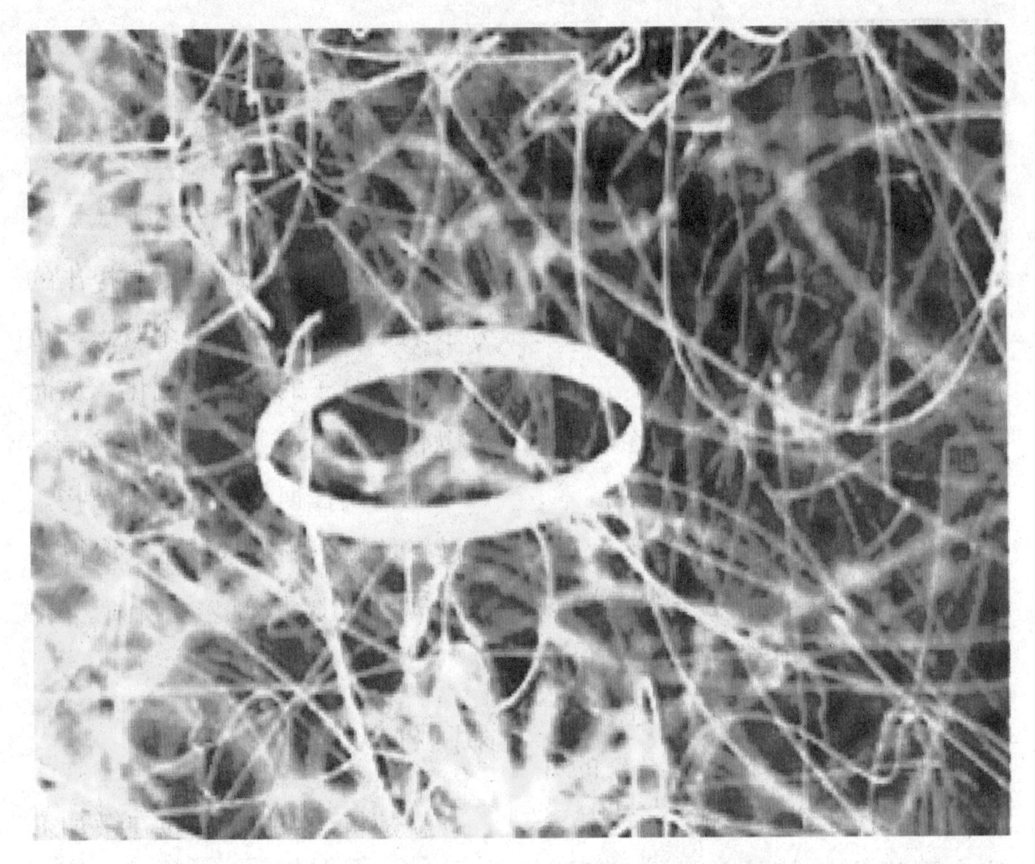

纳米科技为人类提供了一个可见的原子、分子世界

第三种概念

从生物的角度出发而提出的。本来，生物在细胞和生物膜就存在纳米级的结构。DNA 分子计算机、细胞生物计算机的开发，成为纳米生物技术的重要内容。

而纳米科技，亦是在一个纳米尺度(1 ~ 100 纳米)上研究物质(原子、分子的操纵)的特性和相互作用，以及利用这些特性的多学科交叉的科学和技术。当物质小到 1 ~ 100 纳米时，其量子效应、物质的局域性以及巨大的表面及界面效应使物质的很多性能发生质变，呈现出许多既和宏观物体不同，也与单个孤立原子的奇异现象不同。事实上，纳米科技的最终目标是直接以原子、分子及物质在纳米尺度上表现出来的新颖的物理、化学和生物学特性制造出具有特定功能的产品。如今,纳米科技包括纳米材料学、纳米电子学、纳米生物学、纳米物理学、纳米机械学等新学科。

知识卡片

纳米尺度

纳米尺度是指在0.1～100纳米的范围,这正是分子尺寸,也是分子相互作用的空间。

纳米尺度

DNA

DNA 的中文名字为脱氧核糖核酸,也称去氧核糖核酸,是一类带有遗传信息的大分子,即所谓的一种长链聚合物,由它们组成的单位称为脱氧核苷酸。

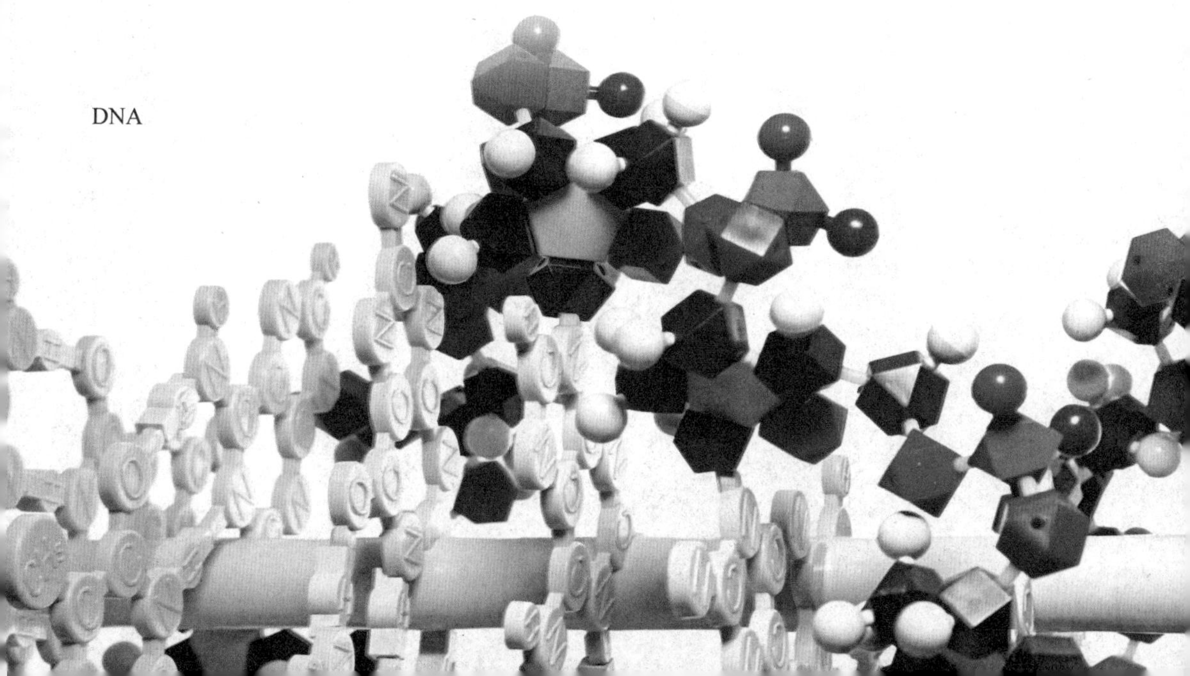
DNA

第2章 纳米科技

二、纳米材料的“开山之作”

纳米材料的制备和研究是纳米科技的基础。

20 世纪 70 年代，人们开始认识到纳米材料的性能，并就此引用纳米概念。

20 世纪 80 年代，人们开始有目的的研究纳米材料。80 年代中期，人们正式把这种基本颗粒大小为 1 ~ 100 纳米，与原来组成的原子、分子不同，也宏观物质的特殊性能不同的材料命名为纳米材料。

1984 年，德国科学家格莱特在高真空的条件下，将直径为 6 纳米大小的铁微粒压制成型并烧结得到

格莱特教授

一种人工凝聚态固体，即所谓的纳米晶体块，从而成就了纳米材料的“开山之作”。

另外，他还探索了其内部结构，发现了其界面的奇异结构和特异而优越的性能。由于纳米颗粒的尺寸已经很接近原子、电子的大小，量子效应便开始影响物质的结构与物理、化学性能。根据格莱特的实验检测，表明纳米材料在机械强度、磁、声、光、热等方面，与普通材料都有较大的差异，因此可制成性能特别优良的各种特殊材料。

格莱特在一次旅游中的遐想

1980 年的某一天，德国科学院院士格莱特教授到澳大利亚旅游。当他独自驾车横穿澳大利亚的大沙漠时，空旷和孤独的环境立即令他的思维特别活跃起来。因为他长期从事晶体材料的研究，知道晶体中晶体粒的大小对材料性能有极大的影响：当晶粒越小时，材料的强度就越高。

此时，格莱特突然想到，如果组成材料的晶体粒细到只有几个纳米大小，材料将会是什么样子呢？会不会发生“天翻地覆”的变化呢？

这个突然冒出来的这个遐想令他兴奋不已。回国后，他立即着手试验，经过 4 年的努力，终于在 1984 年得到了只有几个纳米大小的超细粉末。另外，他还发现任何金属和无机或有机材料都可以制成纳米大小的超细粉末。更加有意思的是，粉末一旦变成纳米大小，颜色就会变黑，其他性能也会随之发生“翻天覆地”的变化。

第2章
纳米科技

三、纳米科技的发展史

当纳米科技深入我们的日常生活时，当它们在医学界或在军事中大展身手时，我们是否清楚它们的来龙去脉，是否明白开辟它们的初衷。

纳米科技概念的提出与发展

理查德·费曼

一般来说，最早提出纳米尺度科学和技术问题的是著名物理学家、诺贝尔奖获得者理查德·费曼。1959年，他在一次著名的演讲中指出，我们需要新型的微型化仪器来操纵纳米结构并测定其性质。那时，化学将变成根据人们的意愿逐个地准确放置原子的问题。

1974年，科学家最早使用纳米技术一词描述精细机械加工。20世纪70年代后期，麻省理工学院德雷克斯勒教授开始提倡纳米科技的研究，却遭到多数主流科学家的质疑。不过，在不被看好的前提下，随着科学技术的发展，纳米技术却俨如出水芙蓉渐渐地展现在科学家们的眼前。

80年代初，科学家们发明了费曼所期望的纳米科技研究的重要仪器——扫描隧道显微镜（STM）、原子力显微镜(AFM)等微观表征和操纵技术，它们对纳米科技的发展起到了积极的促进作用。与此同时，纳米尺度上的多学科交叉又展现了巨大的生命力，迅速演变成一个具有广泛学科内容和潜在应用前景的研究领域。

1990 年，美国贝尔实验室的惊世杰作——纳米机器人诞生。令人叹服和震撼的是，这个仅有跳蚤般大小的东西居然五脏俱全：“身体”由许多齿轮等零件、涡轮机和微型电脑组成。齿轮等零件小得俨如空气中的漂浮的尘埃。试想一下，6 万台这样的涡轮机所占的面积才仅有 1 平方英寸，那将是多么的精细啊！而人们若想看清楚它的外形和结构，也只能倚赖高倍电子显微镜。

1990 年，IBM 公司阿尔马登研究中心的科学家使用一种称为扫描探针的设备将 35 个原子移动到各自的位置，组成了 IBM 三个字母。由此，纳米技术取得了一项关键性突破。

1990 年 7 月，第一届国际纳米科学技术会议在美国巴尔的摩与第五届国际扫描隧道显微镜会议同时举办。《纳米技术》与《纳米生物学》这两种国际性专业期刊也应运而生，相继问世。这一切，便向全世界宣告：纳米科技、纳米机械诞生了！

1991 年，碳纳米管被人们发现，它的质量仅是相同体积钢的了 1/6，强度却是钢的 10 倍。一时之间，其成为纳米技术研究的热点。

1997 年，美国科学家首次成功地用单电子移动单电子。

1999 年，巴西和美国科学家在进行碳纳米管实验时，发明了世界上最小的“秤”，它能称量十亿分之一克的物体，就相当是一个病毒的重量。而在此后不久，德国科学家也研制出能称量单个原子质量的秤，打破了美国和巴西科学家联合创造的纪录。

2000—2006 年，各种纳米带、线等二维纳米物体以及纳米机器相继在实验室制备成功，对纳米物质的检测表征有了进一步的发展。或许，在不久的将来我们所用的电脑显示器不过是我们面前的一片空气，所显示的内容或是大脑中所想象的图像，或是接收到的特定图像信息。到那时，科幻大片中的景象将不再是梦想！

我国关于纳米科技的发展成果

近年来，我国科学家在纳米科技领域屡创佳绩，取得了不菲的成果,甚至令世界为之瞩目。

1993年,中国科学院北京真空物理实验室轻松自如地操纵原子，写出“中国”两字。这标志着我国开始在国际纳米科技领域占有一席之地。

1998年,清华大学范守善小组成功地制备出直径为3～50纳米、长度达微米量级的氮化镓半导一维纳米棒，令我国在国际上首次把氮化镓制备成一维纳米晶体。

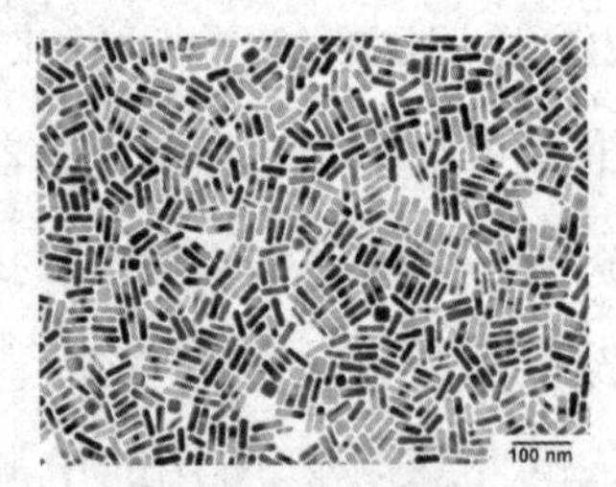

改进中的金纳米棒

1998年,美国《科学》杂志刊登了我国科学家的论文——我国科学家用非水热合成法，制备出金刚石纳米棒,被国际刊物誉为“稻草变黄金——从四氯化碳制成金刚石”。

1999年上半年,北京大学纳米技术研究取得重大突破，电子学系教授薛增泉领导的研究组在世界上首次将单壁纳米管组装竖立在金属表面，并组装出世界上最细且性能良好的扫描隧道显微镜用探针。

1999年，中科院金属研究所成会明博士合成出高质量的碳纳米材料，使我国新型储氢材料一举跃上世界先进水平。

近年，中科院金属研究所卢柯博士率领的小组，在世界上首次直接发现纳米金属的“奇异”性能——超塑延展性，纳米铜在室温下竟可延伸50多倍而“不折不挠”,被誉为“本领域的一次突破,它第一次向人们展示了无空隙纳米材料是如何变形的”。

2011年，第四届中国纳米科学技术会议上指出，我国纳米科技研究坚持继承与发展并重，基础与应用并重。经过20余年的努力,我国纳米科技论文发表、引用频次和专利申请、授权已位居世界前列。我国还制定了一系列国家和国际标准，为纳米科技产业化应用奠定了基础。

纳米技术发展经历的五个阶段

一般来说，纳米技术的发展大体会经历以下五个阶段：

第一阶段：该阶段的发展重点是要准确地控制原子数量在100个以下的纳米结构物质。不过，这就需要使用计算机设计/制造技术与现有工厂的设备和超精密电子装置。

第二阶段：生产纳米结构物质。在该阶段，纳米结构物质和纳米复合材料的制造将达到实用化水平。其中包括从有机碳酸钙中制取的有机纳米材料，其强度将达到无机单晶材料的3000倍。

纳米材料的控制合成与纳米器件

第三阶段：大量制造复杂的纳米结构物质将成为可能。不过，这就要求有高级的计算机设计/制造系统、目标设计技术、计算机模拟技术和组装技术。

第四阶段：纳米计算机将成为现实。

第五阶段：在该阶段，科学家们将研制出能够制造动力源与程序自律化的元件和装置。

知识卡片

杰出的量子物理学家——理查德·费曼

理查德·费曼被公认为继著名的爱因斯坦之后的又一位杰出的量子物理学家。在很多人的眼里，他是一个独辟蹊径的思考者，超乎寻常的教师，尽善尽美的演员。

1965年，费曼因为成功地解决了量子电动力学方面的问题而获得诺贝尔物理学奖。费曼讲课向来不拘一格，他不是给学生传授知识，而是要让大家一起寻找物质世界的奇妙，掌握科学的思考方法。

1986年，在“挑战者”航天飞机意外起火爆炸后的一次国际会议上，许多调查人员出示了各种各样杂乱而令人生厌的数据、资料，以表明失事的原因非常复杂。而费曼却做了一个设计精巧而又简单的实验——著名的O型环实验：素材只是一杯冰水、尖嘴钳和橡皮环。他用尖嘴钳夹住橡皮环，塞进冰水里。5分钟后，他提出冻得僵硬的橡皮环，松开钳子说："发射当天的低气温使橡皮环失去膨胀性，导致推进器燃料泄漏，而这就是问题的关键。"

诺贝尔奖

诺贝尔奖是以瑞典著名的化学家、硝化甘油炸药的发明人阿尔佛雷德·贝恩哈德·诺贝尔的部分遗产(3100万瑞典克朗)作为基金创立的。诺贝尔奖分设物理、化学、生理或医学、文学、和平五个奖项，以基金每年的利息或投资收益授予前一年世界上在这些领域对人类作出重大贡献的人，1901年首次颁发。

诺贝尔奖

四、打开“潘多拉魔盒”的钥匙

或许，在人们的概念中，只知道物质是由原子组成，却不能直接通过肉眼“看”到原子。因此，在很长的一段时期内，人们都在猜测原子的“庐山真面目”，直到扫描隧道显微镜诞生才得以目睹这个小小的单元。

1982 年，德国博士生葛·宾尼和他的导师罗雷尔教授共同成功地研制出扫描隧道显微镜。初看它的外貌，并无什么惊人之处，甚至还有些其貌不扬。不过，可千万别小看它，它可是有着惊人的分辨率，用它就能把导电物体表面的原子、分子“看”得清清楚楚。

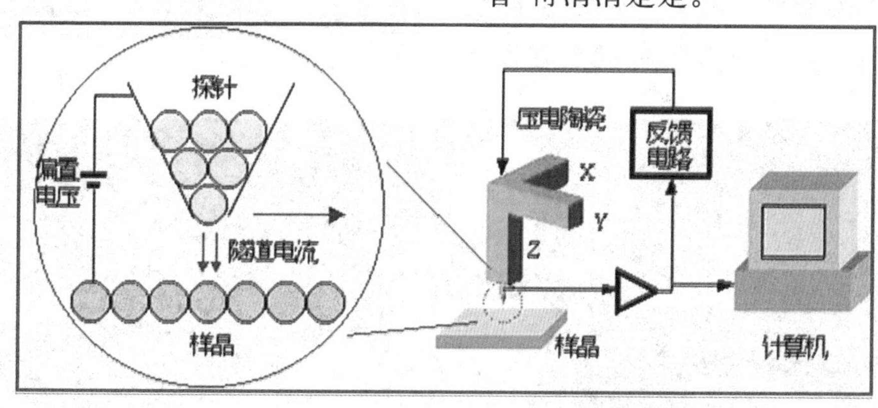

扫描隧道显微镜原理示意图

那么，究竟为什么扫描隧道显微镜有如此大的本领呢？原来，两个有电压差的平板导体只要不接触便不会有电流通过。不过，一旦这这两个导电平板靠得很近、相隔小于 1 个纳米时，即便不接触，也会产生电流，而这种电流就是所谓的隧道电流。隧道电流的大小与两个导体的间距十分敏感，如果将距离减少 1 纳米，隧道电流就会增大一个数量级。而扫描隧道显微镜，就是根据平板导体的这个特性，只不过是将导体换成一个尖锐的金属探针和一个平坦的导电样品，利用测量流过扫描针针尖和样品表面的电流大小,来分辨样品表面原子的状况。如，距离针尖更近并且有原子的地方电流相对来说就强，无原子的地方电流相对就弱一些。若将记录下来的隧道电流的相关变化输入到计算机进行处理和显示，就可以得到样品表面原子状况的图像。

有人曾把扫描隧道显微镜称为“纳米眼”和“纳米手”。用这个词称呼,是因为它那根极细的探头,就像“眼睛”一样。而这只眼睛看到物体的时候离物体表面只有零点几个纳米，具有极高的分辨率——横向可达 0.1 纳米,纵向可达 0.01 纳米。利用它便可看到原子的“芳容”。之所以说它是“纳米手”，是因为利用它在物体表面上刻画纳米级的微细线条,并能搬运一个个原子和分子。

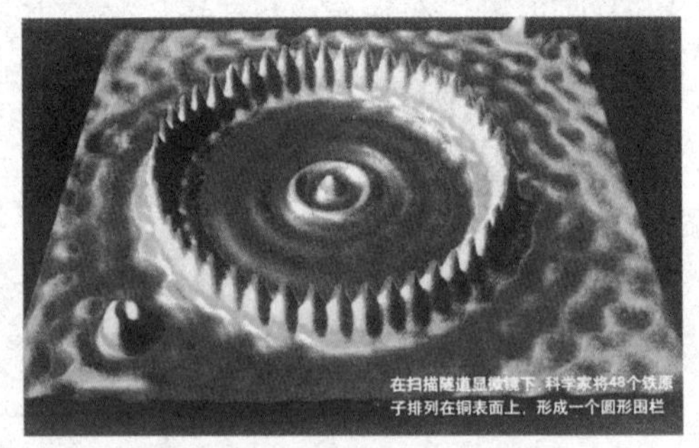

扫描隧道显微镜拍摄的原子排列

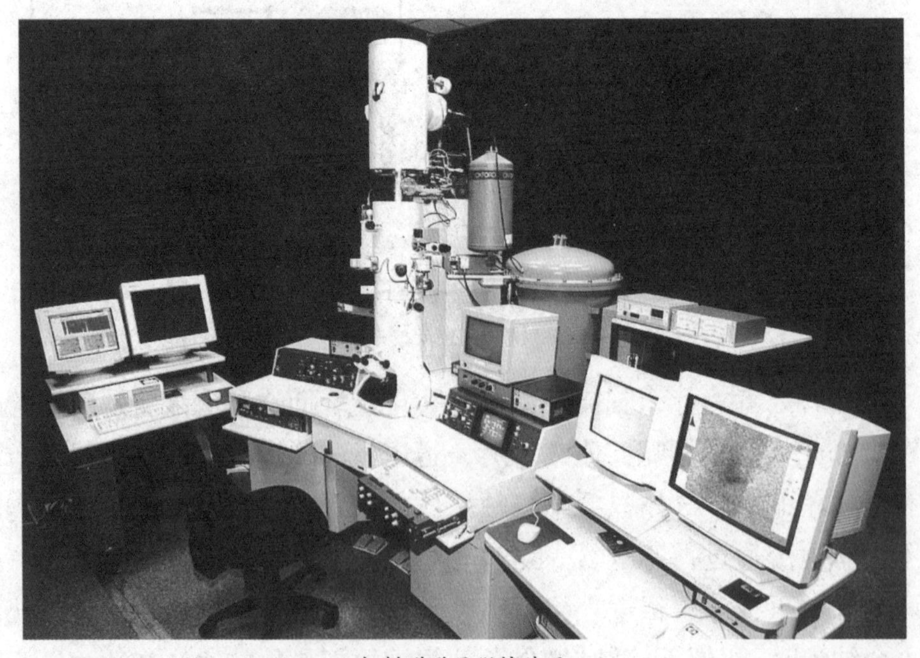

扫描隧道显微镜外观

不得不说，扫描隧道显微镜为实现人们的探索欲望——直接观察和操纵一个个小小的原子和分子，提供了有力的工具。它的发明可谓非同小可，不但为人类进入纳米世界创造了基础性的技术条件，大大推动了纳米空间尺度的科学实践活动，而且还被国际科学界公认为20世纪80年代世界十大科技成果之一。

人无完人，金无赤足。扫描隧道显微镜虽然有如此之大的本领，但它也存在着一定的不足之处——只能应用在可以导电的样品。人类是伟大的。为了能够看见不导电物体表面的原子，1985年，葛·宾尼在

原子力显微镜外观

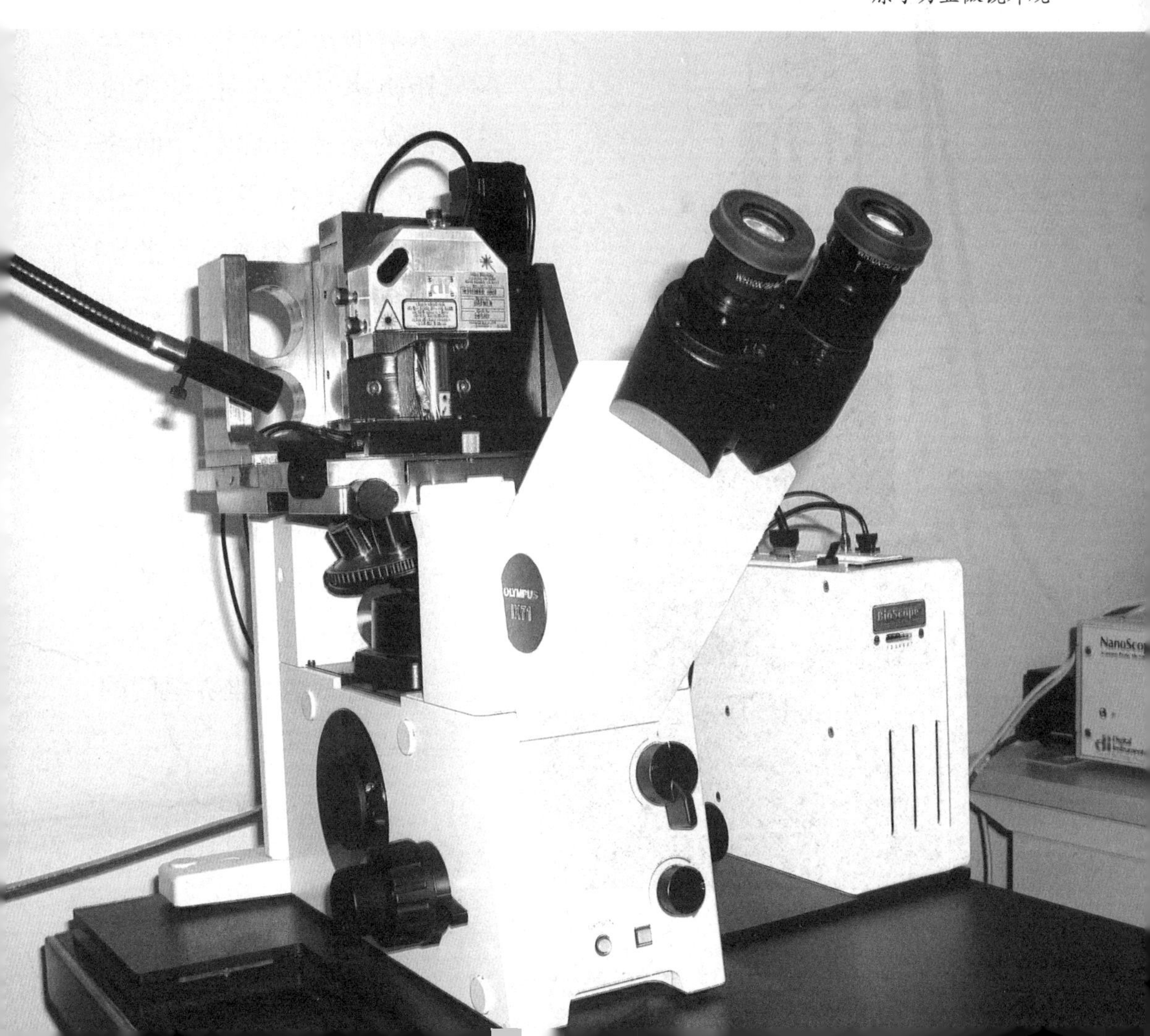

原子力显微镜外观

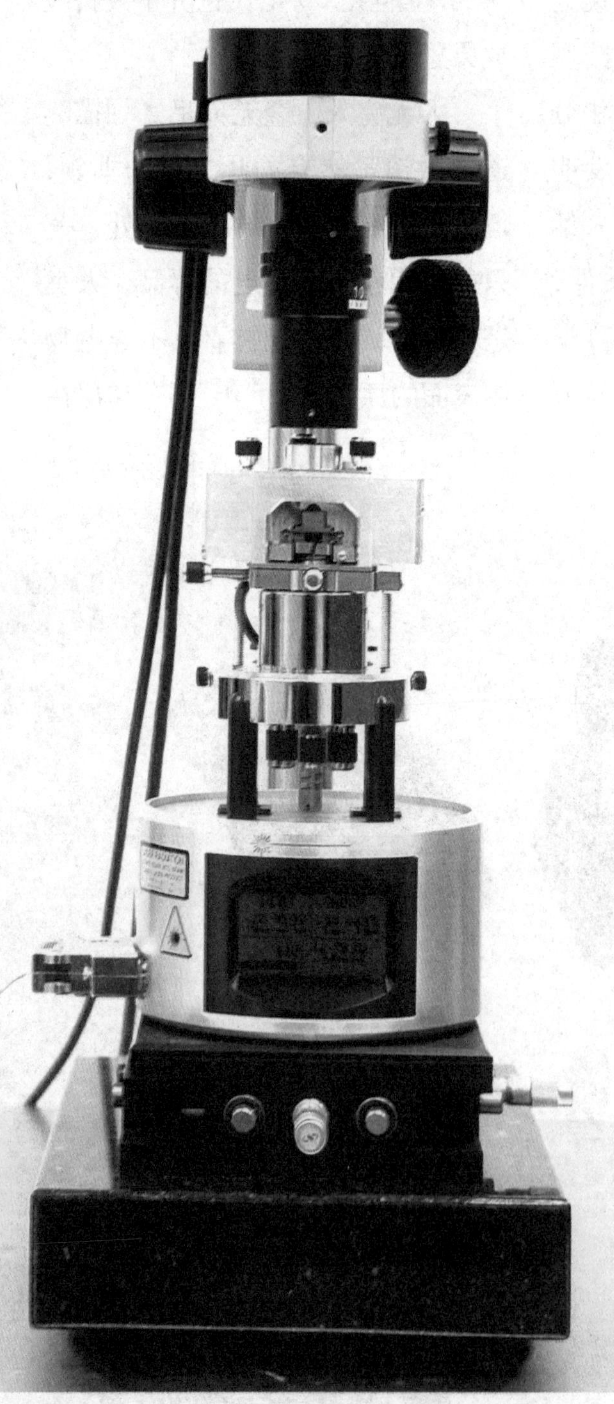

美国斯坦福大学做访问研究期间，又发明了原子力显微镜。而利用该显微镜人们恰恰能够观察到不导电样品表面的原子形貌。那么，它究竟是怎样工作的呢？

原来，葛·宾尼用一根很尖的探针固定在很灵敏的弹性臂上，当针尖距离样品很近时，针尖顶端的原子与样品表面原子之间的作用力便会使悬臂弯曲，偏离原来的位置，从而根据针尖的移动获取图像。

扫描隧道显微镜与原子力显微镜一起构建了扫描探针显微镜系列。因此，扫描探针显微镜的发明无异于打开"潘多拉魔盒"——纳米世界之门的钥匙。

知识卡片

数量级

数量级是指数量的尺度和大小的级别，而且每个级别之间保持着固定的比例。

电荷

电荷是指带正负电的基本粒子。其中，带正电的粒子叫正电荷，带负电的粒子叫负电荷。

电流

电流是指电荷的定向移动。电源的电动势形成了电压，继而产生了电场力，在电场力的作用下，处于电场内的电荷发生定向移动，从而形成了电流。

原子力显微镜外观

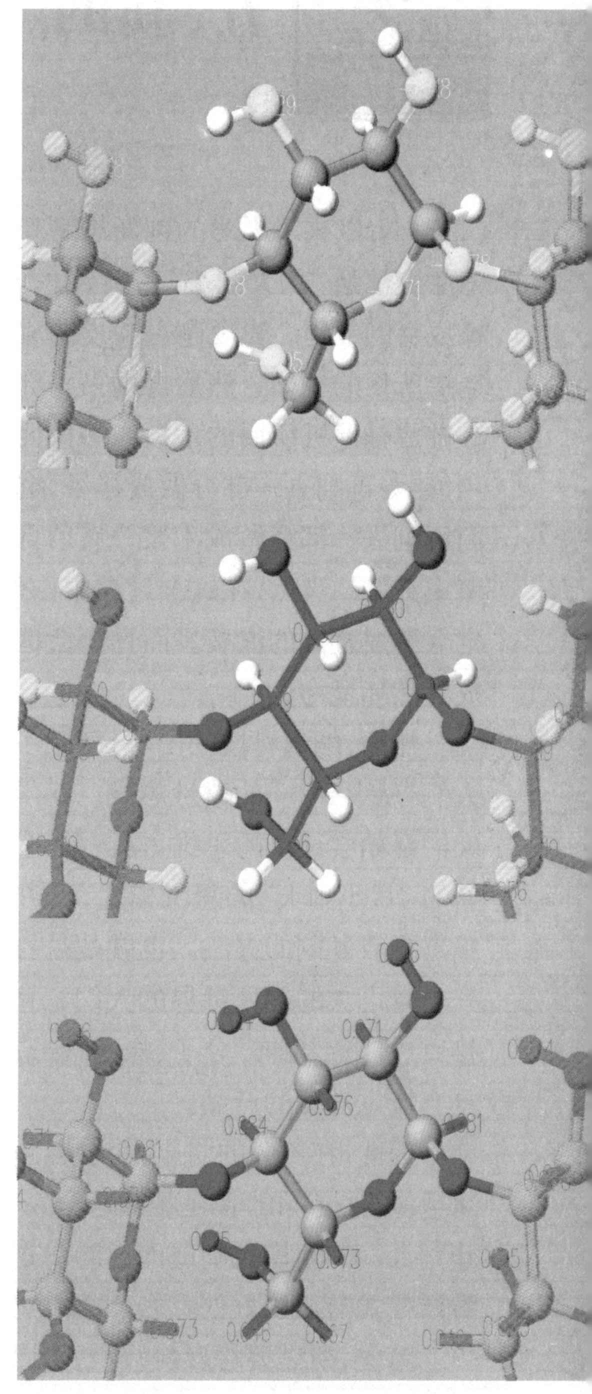

第2章 纳米科技

五、新的“革命”来“袭”

自古以来，人类的创新思路和方法大都是“从大到小”。例如，一棵成材的大树，先要削去树皮做成造房所用的栋梁，然后再削去一部分做成铺地板所用的木板或另作他用，接着再削去一部分做成筷子，继而再削去一部分做成木浆，然后再做成纤维。当然，在这个过程中，必定会造成资源的浪费，而且还会造成自然环境污染。

然而，纳米科技的出现，打破了人们“从大到小”的惯性思维。科学家们开始尝试新的思维方式——全新的“从小到大”的思维模式，一并提出自我复制的方法，也就是是打开尘封已久的纳米世界的大门，直接通过任意“摆布”分子、原子，制造具有特定功能的产品。

因此，在不久的将来，将会有越来越多的材料和产品是根据这个“从小到大”的新模式制造而成的。这种新模式有不少好处：

第一，所需要的材料较少，可以节省不少资源。

第二，造成的环境污染程度较低，可以让已经有些“负重”的大自然得到稍许的缓解。

第三，完全可以按照人们的需要设计自然界存在的或者自然界中目前尚未发现的新物质。

纳米领带

那么，利用传统思维方式与新型思维方式制造物品的真正区别在哪里呢？一般来说，前者的制造方式只是把原材料如钢板、混凝土、铁块等，经过压、切、铸等工艺和过程制成部件或产品；而后者的制造方式通常是通过排布原子、分子，先组成纳米结构单元，然后将它们再组合成具有独特性能和功能的较大结构。这些较大的结构，也就是所谓的纳米产品，给人类带来了更多的惊喜、方便、快捷。它可谓影响了一切，几乎涵盖了所有人类日常生活应用领域：从建筑材料、衣服领带的新面料，到微电子元件、光电设备元件，再到废弃物分解。因此，纳米是一场科技尺度的革命，而且已经掀起了阵阵狂潮。

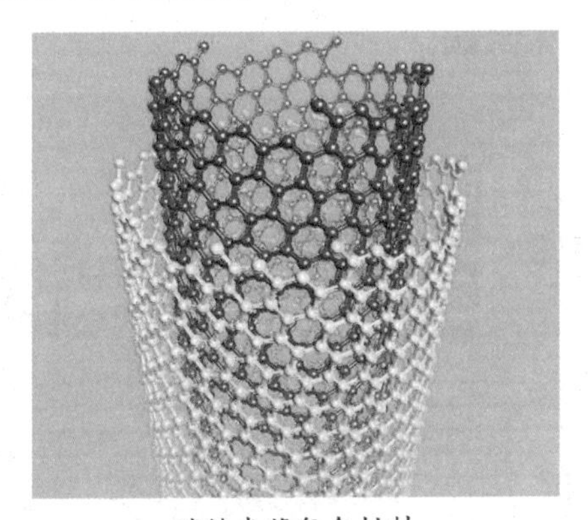

碳纳米管复合材料

环境污染

环境污染是指人类直接或间接地向环境排放超过其自净能力的物质或能量，从而使环境的质量降低，对人类的生存与发展、生态系统和财产造成不利影响的现象。具体包括：水污染、大气污染、噪声污染、固体废弃物污染、放射性污染，等等。

自净能力

自净能力是指环境要素对进入环境中的污染物通过复杂多样的物理过程、化学及生物化学过程，使其浓度降低、毒性减轻或者消失的性能。

环境污染

第2章 纳米科技

六、纳米技术在生活中的应用

或许，在你们的眼中纳米技术还颇具神秘，或许，你们还觉得纳米技术离自己很远，但它已经悄悄地、确确实实地来到了你们的生活中。

纳米技术与“衣”

纳米银防辐射服装

在日常生活中，已经有了防水、防油的纳米材料做成的衣服，这种衣服根本不需要水洗，因而可以大大节约用水，减轻水环境的污染。而且这种衣服穿着很舒服，根本不似雨衣那般的别扭；用这种材料制成的红旗，即使下雨在室外也依然会高高飘扬。

纳米旗帜

纳米技术与“住”

想必大家都应该知道这样一个问题——普通玻璃在使用过程中会吸附空气中的有机物，形成难以清洗的有机污垢。同时，水在玻璃上易形成水雾影响可见度和反光度。

因此，若通过在平板玻璃的两面镀制一层二氧化钛纳米薄膜形成的玻璃,就能有效地解决上述缺陷,同时二氧化钛光催化剂在阳光作用下，可以分解甲醛、氨气等有害气体。另外，纳米玻璃还具有非常好的透光性以及有机强度。若将这种玻璃用作屏幕玻璃、大厦玻璃、住宅玻璃等，就可以免去麻烦的人工清洗过程。

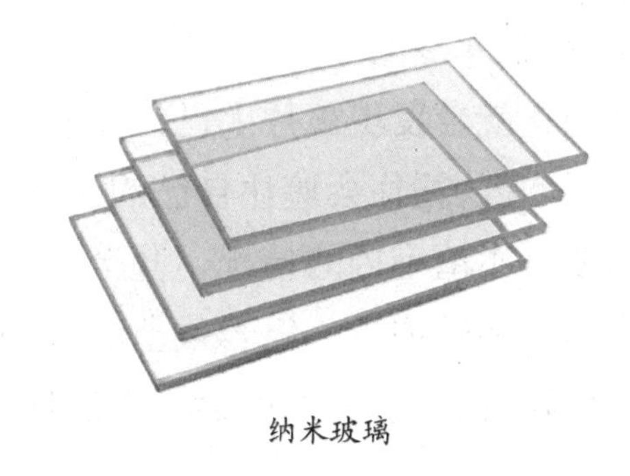

纳米玻璃

纳米技术与其他

戴眼镜的人都曾经遇到过这种

纳米玻璃

情况：在寒冷的冬季，当从室外进入室内，就会发现镜片上已经蒙上了一层水气，往往会遮住自己的视线，以致看不清室内的情况，甚至会生出不必要的尴尬。但若戴上涂有纳米材料的眼镜，自然就会避免出现那种状况。

众所周知，普通的茶具或餐具是很容易打碎的，但如果是用纳米材料制成的，就不容易摔碎。因此，当自己心爱的纳米杯子落在地上，就不会再有“失去所爱”的心痛。

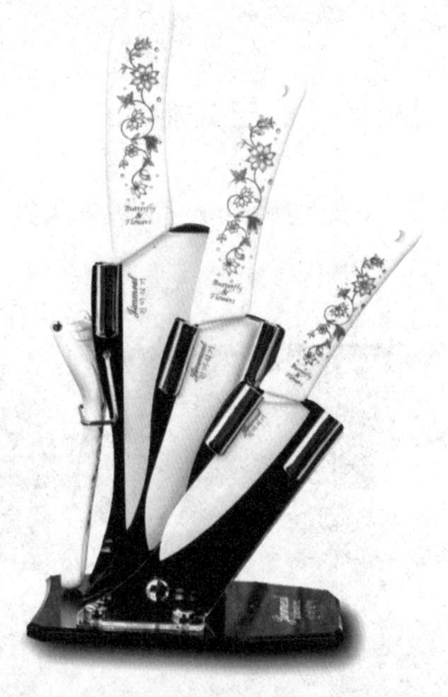

纳米陶瓷刀

纳米杯

同样，纳米陶瓷也不似工程陶瓷那般易出现裂纹、均匀性差，其具有良好的耐磨性、较高的强度及较强的韧性，可用在制造刀具、包装和食品机械的密封环、轴承等，也可用在制作输送机械和沸腾干燥床关键部件的表面涂层。

如果把纳米技术应用到化妆品中，那么护肤、美容的效果就会更佳：制成抗掉色的口红，开发出防灼的高级化妆品等等。让爱美人士能更好地装扮自己，而且还不用担心会有些许副作用。

日本的8毫米摄像机、抗菌除臭冰箱、洗衣机、高性能彩打墨粉等，同样是采用了纳米技术。

纳米克红外灯摄像机

纳米洗衣机

纳米技术已经不再有曾经那么地神秘，它已经深深地植入人们生活之中。它带给人们的除了无数的惊喜外，更重要的让人们深深地体验到科学的力量，人类的伟大！

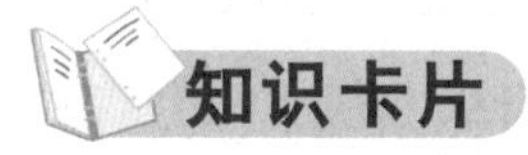

知识卡片

纳米陶瓷

纳米陶瓷是相对于工程陶瓷来说的。随着纳米技术的广泛应用，纳米陶瓷应运而生。以此来克服陶瓷材料的脆性，使陶瓷具有像金属般的柔韧性和可加工性。

纳米陶瓷材料

工程陶瓷

工程陶瓷又名结构陶瓷，因其具有硬度高、耐高温、耐磨损、耐腐蚀以及质量轻、导热性能好等优点，得到了广泛的应用。

工程陶瓷

第2章 纳米科技

七、纳米技术在军事中的应用

一般来说，纳米技术在军事中有以下几种应用。当然，不可能一一详尽，因为纳米技术还在不断地提升和开创中。

纳米武器具有非凡的智能化功能

歼1外表面蒙皮喷射了纳米碱盐聚合物

量子器件的工作速度比半导体器件快1000倍,因此,用量子器件取代半导体器件可以大大提高武器装备控制系统中的信息传输、存储和处理能力。采用纳米技术可以使现有雷达在体积缩小数千倍的同时，其信息获取能力提高数百倍；能够将超高分辨率力的合成孔径雷达安放在卫星上,进行高精度对地侦查。

另外，纳米技术还可以使武器表面变得更灵巧，使用纳米材料制造潜艇的蒙皮,甚至可以灵敏地“感觉”水流、水温、水压等极细微的变化,并及时反馈给中央计算机,最大限度地降低噪声、节约能源;能根据水波的变化提前“察觉”来袭的敌方鱼雷，使潜艇及时做规避机动。而且采用纳米材料做军用机器人的“皮肤”,还可以使之具有比真人的皮肤还要敏感的触感，从而能更有效地完成军事任务。

武器装备系统超微型化

纳米技术使武器的体积、重量大大减小。用量子器件取代大规模的集成电路，可以使武器控制系统的重量和功耗成千倍的减小。

纳米技术还可以把现代作战飞机上的全部电子系统集成在一块芯片上，也能使目前需车载的电子战系统缩小至可由单兵携带。另外，用纳米技术制造的微型武器，其体积只有昆虫大小，却能像士兵一样执行各种军事任务。由于这些微型武器隐蔽性好，它们可以潜在敌方关键设备中长达几十年之久。平时可以相安无事，战时就可一起攻击，让人没有办法防备。

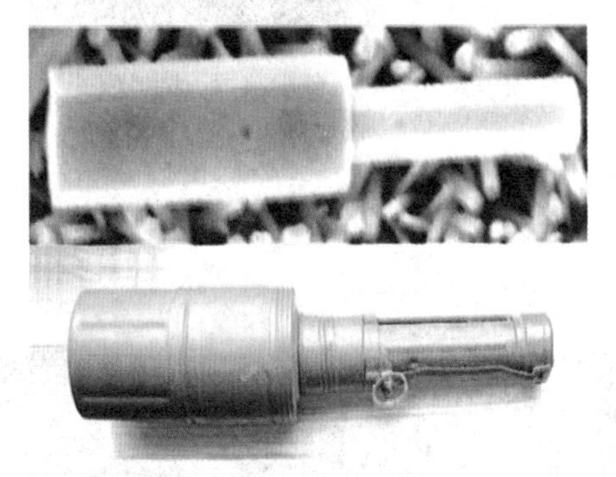

纳米武器之一

纳米武器之二

由于用纳米技术制造的微型武器系统通常情况下都是肉眼几乎看不见的硬件单元的连接，省去了大量线路板和接头。因此，与其他的小型武器相比，其成本将低得多，而且运用也十分方便。如用一架无人驾驶飞机就可以将数以万计的微机电系统探测器空投到敌军可能部署地域或散布在天空中；利用纳米技术生产出的纳米卫星的重量小于0.1千克，一枚“飞马座”级运载火箭一次即可发射数百乃至数千颗卫星，覆盖全球，完成侦察和信息转发任务。

纳米武器以神经系统为主要打击目标

信息技术的发展使战争形态发生了根本的变化：一方面，打击手段不断智能化、精确化；另一方面，打击目标也从传统的工业生产设施转向信息系统。由于纳米武器具有超微型和智能化的明显优势，因此其必然成为打击敌方的神经系统首选。通常情况下，通过纳米武器所焕发出来的巨大战争威力会使敌方宏观作战体系“突然瘫痪”，以致不得不屈服于微型武器所造成的战争压力。

另外，纳米技术在隐身材料、防护涂层、军事能源的使用等方面都有重要作用。

纳米武器之三

知识卡片

噪声污染

噪声是发声体在做无规则运动时发出的声音，声音由物体振动引起，以波的形式在一定的介质中进行传播。通常所说的噪声污染是指人为造成的。从生理学观点来看，凡是干扰人们休息、学习和工作的声音，统称为噪声。当噪声对人及周围环境造成不良影响时，就形成了噪声污染。

第2章 纳米科技

八、纳米技术带来的弊病

诚然，纳米技术为我们带来了些许福音，但是它也如同一把“双刃剑”，在不经意间，会“伤人”于“无形之中”。而且，纳米技术的一时兴起，也为一些投机之人创造了认为“趁机一搏”的机会。于是乎，市场上一时便刮起了“纳米物品风”。有些人，确实“大赢”了一把，而有些人却被“纳米品”伤得伤痕累累。

纳米技术可能带来的危害

纳米技术生产的产品由于构成微粒的尺寸太小，也可能直接对人体产生威胁。一般来说，普通的物品拿在手中，由于构成的微粒大小是微米或微米以上量级的尺寸，不会渗透到我们的皮肤细胞内，以致进入血液。但是纳米技术生产的产品，由于构成微粒在纳米量级，完全有可能通过皮肤进入我们的体内。如果该种物质有毒的话，那么我们与之接触将是十分危险的。因此，生产和处理这种纳米产品，其生产厂房、放置措施都将有极其严格的规定。

假冒纳米技术

或许，于人们来说，纳米打假多少有些小题大做，实际上不是这样

纳米材料的生产基地

的。现在，如果我们稍微留心一下当下的消费趋势，便会发现，商场中处处都打着“纳米家用电器”、“纳米防辐射衣服”、“纳米防紫外线化妆品”、“纳米太阳伞”等新奇广告招牌，就如同曾经的“绿色食品”、“基因食品”、“数字电视”一样，“前卫”商品堂而皇之地摆在商场的柜台上。诚然，纳米技术的用途相当广泛，但也

绿色食品标志

还没有到广泛地应用阶段。因此，有些人便趁机造势，趁纳米技术的内涵还没有被每个人所熟知，或把一点点皮毛的加工谎称为纳米技术，或以“微米技术”、“降格”充当，甚至

绿色食品

置纳米材料不会释放微波这一普通常识而不顾，声称自己的产品能释放保健微波来欺骗尚不明就里的人们。而一旦被揭穿，那些人往往会惨淡收场。

诚然，纳米技术并非高不可攀，但也绝非任何人都能“纳”一把。因为其不但有一定的科学根据，而且还具有相当高的技术含量，岂能任人随意用之。

绿色食品

绿色食品在中国是对具有无污染、安全、优质、营养类食品的总称。其是指按特定生产方式生产，并经国家有关的专门机构认定，准许使用绿色食品标志的无污染、无公害、安全、优质、营养型的食品。类似的食品在其他国家被称为有机食品、生态食品或自然食品。

绿色食品

第3章

纳米材料

- ◎ 何为纳米材料
- ◎ 浅谈代表纳米探索之路的几种纳米材料
- ◎ 纳米材料的发展史
- ◎ 纳米大变身
- ◎ 如何制造纳米材料
- ◎ 纳米纺织品
- ◎ 纳米“天梯”
- ◎ 窥探“飞檐走壁”的秘密

第3章
纳米材料

一、何为纳米材料

纳米材料是 20 世纪 80 年代末诞生并正在蓬勃发展起来的一种新型材料，指的是组成材料的结构单元的尺度在纳米量级的一种新材料，而且其三维空间尺寸至少有一维处于纳米量级。

纳米材料的结构特点

一般说来，所有纳米材料都具有以下三个共同的特点：

第一，纳米尺度的结构单元。

第二，大量的界面和自由表面。

第三，每个纳米单元之间存在着或强或弱的交叉作用。

纳米材料的分类

一般来说，纳米材料按几何形态(维数)可分为四类：

一是纳米颗粒（粉体）：它们在空间的三维尺度均在纳米尺度内，称为零纳米材料。

二是纳米纤维：在空间有一维可以任意延伸，但直径被限定在纳米尺度内，也称为一维纳米材料。

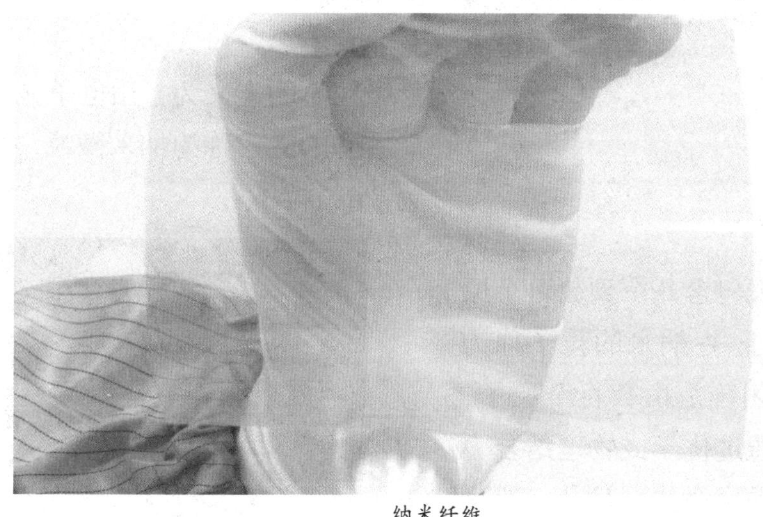

纳米纤维

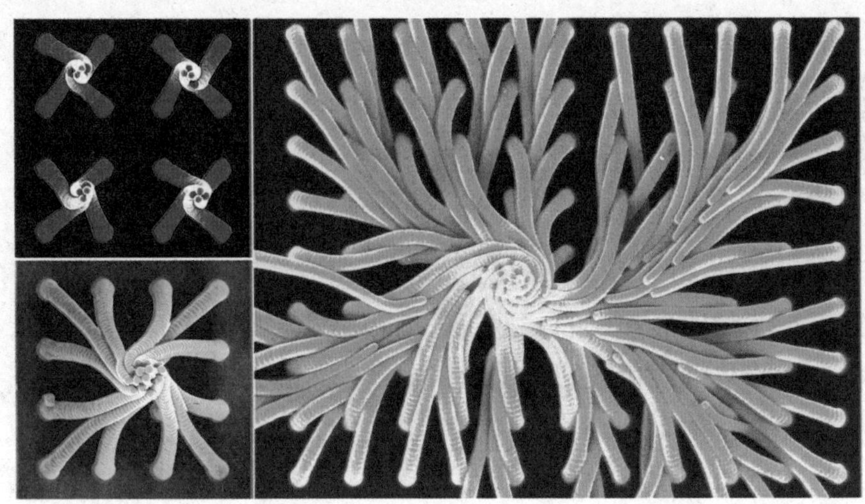

纳米薄膜

三是纳米薄膜：在空间有两维可以任意伸展，但厚度均限定在纳米尺度内，也称为二维纳米材料。

四是纳米块体：由纳米微粒经高压形成的三维凝聚体或块状材料。在三维块状结构中，晶粒、晶界以及它们之间的结合都处于纳米尺寸水平。

原子团簇

通常将仅包含几个到数百个原子后尺度小于 1 纳米的粒子称为“簇”。原子团簇是由数百个原子、离子或分子通过化学或物理结合力组合在一起的聚合体，尺寸一般小于20纳米，约含几个到105个原子。其是介于单个原子与固态之间的原子集合体。原子团簇比无机分子大，比具有平移对称性的块体材料小。

纳米微粒

日本名古屋大学上田良二给纳米微粒下的定义为：用电子显微镜能看到的微粒称为纳米微粒，又称为“超微粒子”。

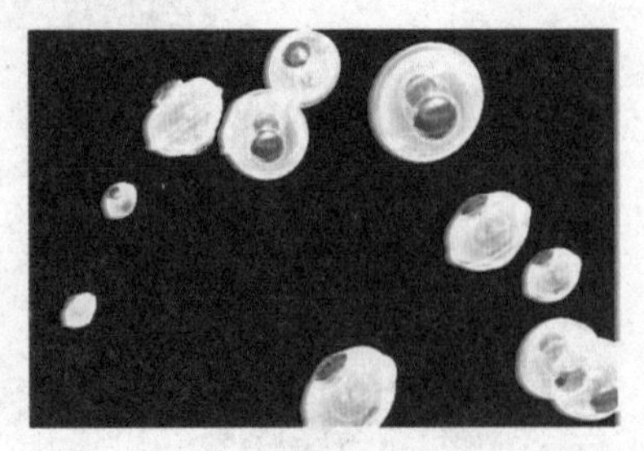

纳米微粒

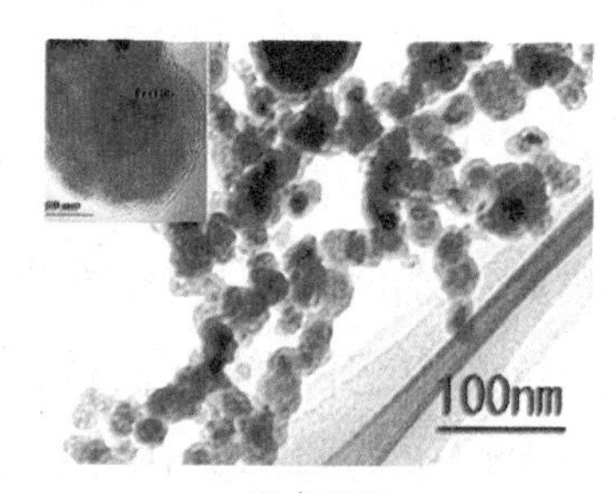

纳米颗粒

纳米颗粒

纳米颗粒的外形可以有球形、板状、棒状、角状或海绵状等等，而颗粒内部的结构是由单晶或多晶组成的，晶粒间有大量的界面。

晶粒和晶界

一般来说，纳米块体材料主要由晶粒和晶界组成。

晶粒：单晶颗粒——颗粒内为单相，无晶界。曾经有高分辨电镜证实经压缩的块体中的晶粒与完整晶格有很大差异，有部分团簇填充了晶粒间的气孔。

晶界：纳米晶界的微观结构非常复杂，它与纳米材料的成分、键合类型、制备方法、成型条件等密

福建省纳米材料重点实验室

切相关，很难用一个统一的模型来说明。

一次和二次颗粒

一次颗粒：低气孔率的一种独立的粒子颗粒内可以有相界、晶界。

二次颗粒：人为制造的粉料团聚体。

纳米粒子的团聚与吸附

纳米微粒的团聚：纳米微粒粒径极小，表面自由能高，通常会自发团聚。

纳米粒子的吸附：由于表面力场存在，粒子会在表面自发吸附电解质和非电解质。与胶体一样，其吸附带电离子后由于排斥作用可阻止进一步团聚。

团聚体

由一次颗粒通过表面力或固体桥键形成的更大的颗粒。

团聚体

胶体

胶体

胶体又称胶状分散体，是一种均匀混合物。在胶体中含有两种不同状态的物质：一种分散，一种连续。

离子

在化学变化中，活泼的电中性原子经常会得到或失去电子而成为带电荷的微粒，而这种带电的微粒就叫做离子。

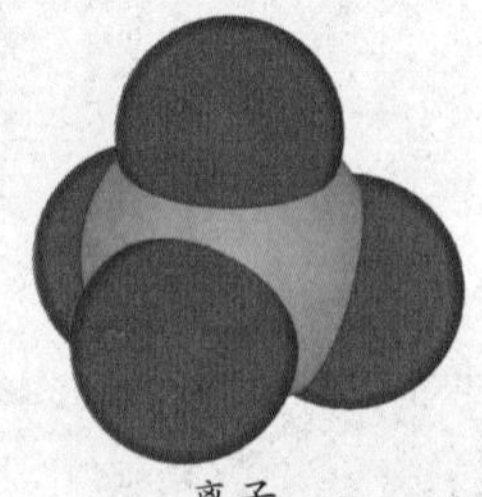

离子

第3章 纳米材料

二、浅谈代表纳米探索之路的几种纳米材料

事实上，研制纳米材料的最终目的——直接通过精确地操纵和排布原子、分子，制造出具有特定功能的新材料。不过，探索纳米之路，其路漫漫兮，任重而道远……

曾经，科学家们虽然借助扫描隧道显微镜、原子力显微镜、磁力显微镜将原子搬动，但这也是相当麻烦的。因为有的原子喜欢黏在一起，就像橡皮糖黏在手上，若想轻易将其去掉，真的很难。特别是当我们想要制造大块物质材料时，就更是难上加难。

当前，中外科学家利用纳米科学的理论，借助于传统的材料生产方法，研制了多种纳米技术：纳米合成技术、分子自组装技术、纳米刻蚀技术，等等。其中纳米刻蚀技术包括平版印刷技术、微印刷刻蚀技术、E-射线刻蚀技术、蘸水笔式纳米刻蚀技术，等等。人们利用过这些技术成功地制作了很多纳米产品，如纳米晶体、纳米富勒烯等。

纳米晶体

纳米晶体是一种由几百到上万

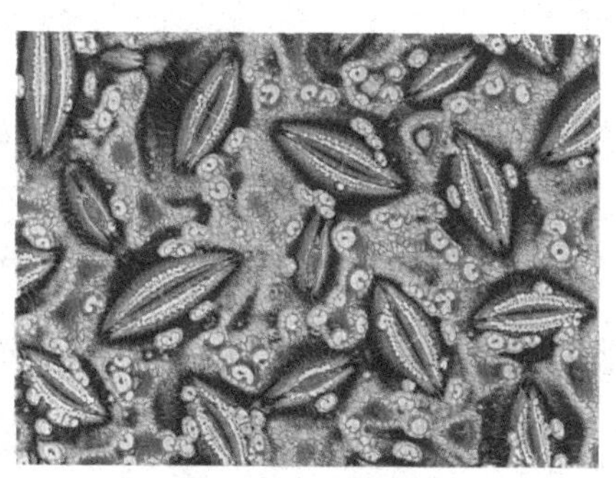

量子原子团纳米晶体

水热合成的半导体纳米晶体多级结构

富勒烯模拟图

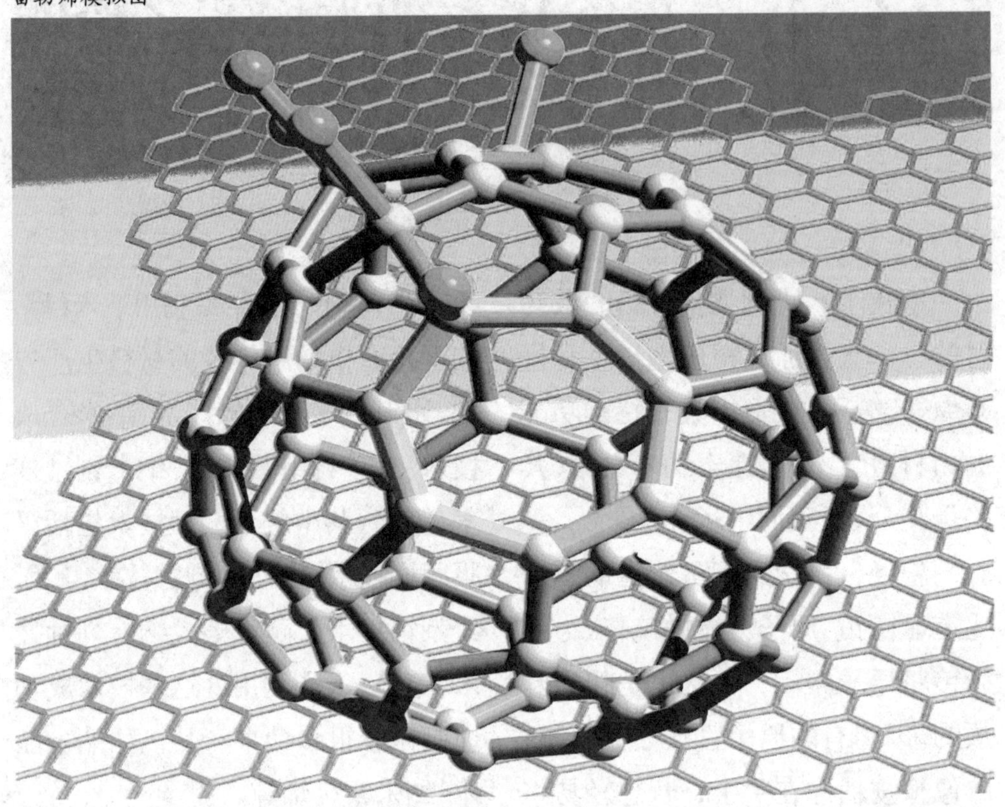

个原子结合而成的晶体。典型的纳米晶体的直径在10纳米左右，它们比一般的分子大，但比块状固体要小。曾经，有研究人员通过精确控制纳米晶体的尺寸和表面形状，证明可以改变它们的性质。

富勒烯

富勒烯是一类新型的纳米材料。其是碳的同素异形体之一，是一系列含有多个碳原子的笼状原子簇的总称。其中含60个碳原子的C60结构是由12个五边形、20个六边形组成的中空32面体，外形酷似足球，故又被称为足球烯或巴基球。

一般来说，利用煤直接电弧放电可以合成富勒烯。经研究发现，煤中挥发组分的含量决定了燃烧后产生富勒烯的尺寸。除却传统的富勒烯(C60 ~ C100)外，高挥发组分的煤还产生尺寸大至几十纳米的巨型富勒烯。

碳纳米管

纳米管是由原子构成的直径为纳米尺度的中空管状结构。一般来说，有很多种的原子或分子都可形成纳米管。而碳纳米管是纳米管中最常见的一种。其具有典型的层状中空结构特征。构成碳纳米管的层片之间存在一定的夹角,其管身是准圆管结构，并且大多数由五边形截面所组成。管身由六边形碳环微结构单元组成，端帽部分由含五边形的碳环组成多边形结构，或者称为多边锥形多壁结构。因此，碳纳米管是一种具有特殊结构的一维量子材料。

另外，碳纳米管有着不可思议的强度和韧性,但重量又极轻,又有着超导电性，并兼有金属和半导体的性能。

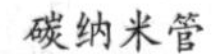

碳纳米管

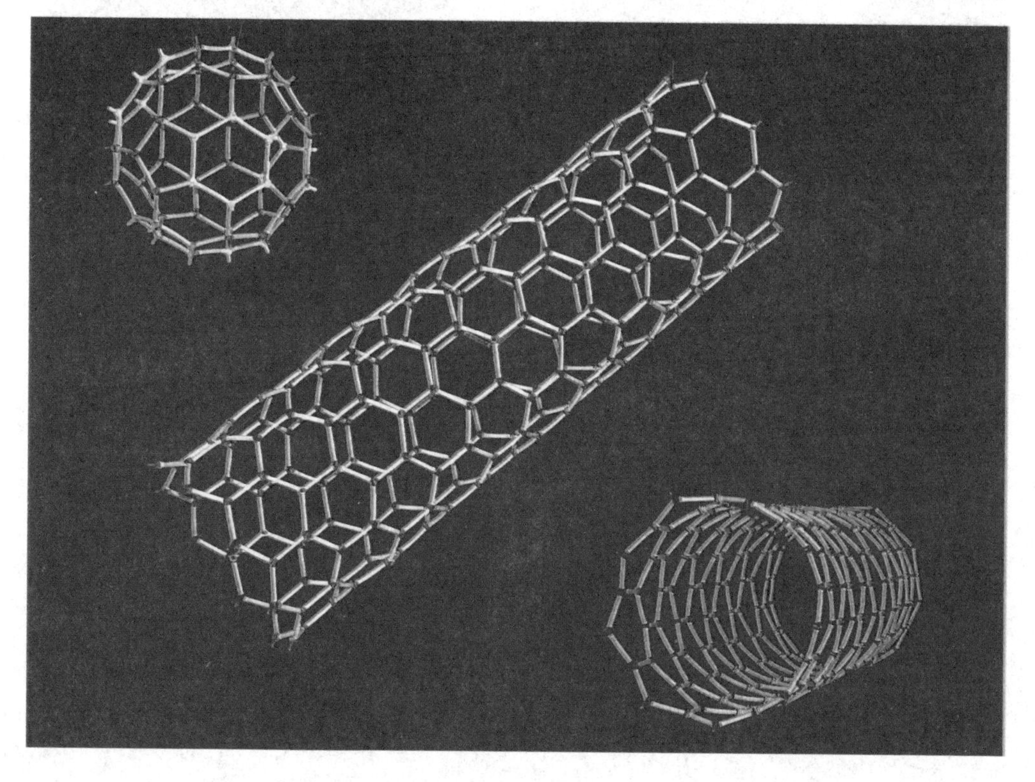

纳米线

纳米线是一种纳米尺度的线。换一种解释方式，纳米线可以被定义为一种具有在横向上被限制在纳米以下的唯一结构。在该尺度上，量子力学效应就显得相当重要。因此，其也被称为“量子线”。

根据组成的材料不同，纳米线可分为不同的类型，主要包括：金属纳米线、半导体纳米线、绝缘纳米线，等等。

另外，分子纳米线是由重复的分子元组成，因此，其可以是有机的，也可以是无机的。

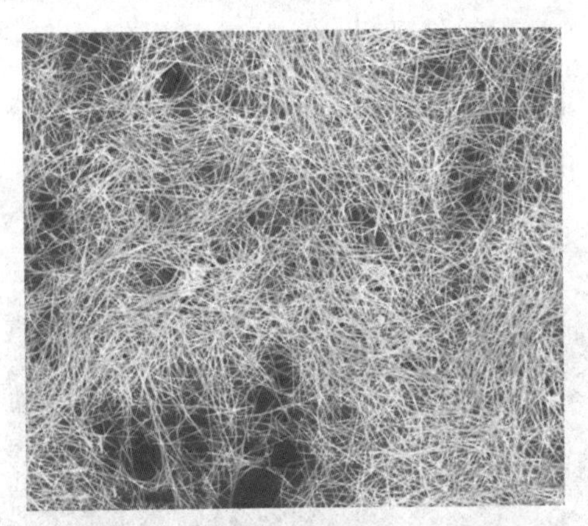

银纳米线

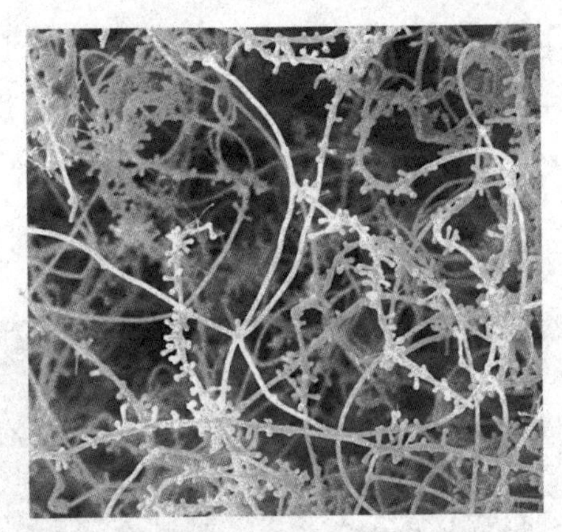

碳化硅纳米线

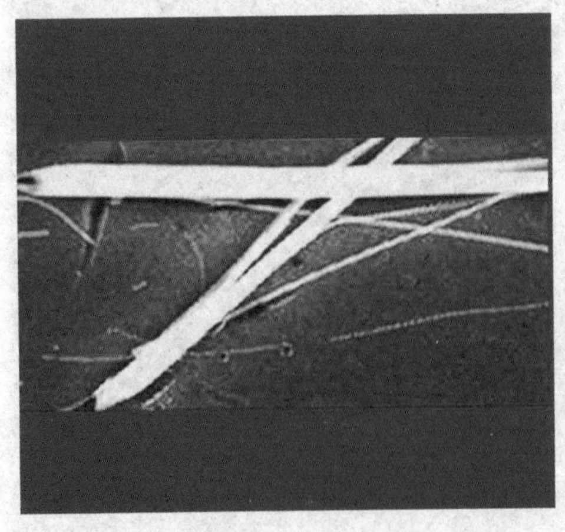

铋多层纳米带之一

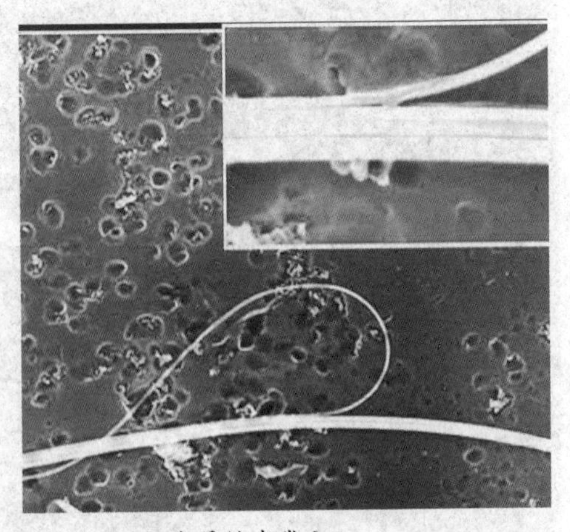

铋多层纳米带之二

纳米带

2001 年，美国佐治亚理工学院的王中林教授小组利用高温固体气相法，成功获得了氧化锌、氧化锡、氧化铟、氧化镉、氧化镓等宽带半导体体系的纳米带状结构。其带宽为 30 ~ 300 纳米，厚 5 ~ 10 纳米，而长度可达几毫米。

纳米环

2004 年，王中林教授小组又发现了一种新型纳米结构。成功得到了由单个纳米带螺线圈式自环绕而自发形成的单晶体环，其直径为 1 ~ 5 微米，厚度为 157 纳米，高度为 0.3 ~ 2 微米。

窗帘纳米环

纳米线

1998 年，哈佛大学化学家莱比研究组利用激光烧蚀法与晶体生长的气-液-固机制相结合，制备了第Ⅳ族半导体单质如硅、诸的单晶线。它不仅是电荷的最小载体及研究小尺度世界科学规律的理想研究对象，也是构造复杂纳米结构与纳米器件的理想单元。

第3章 纳米材料

三、纳米材料的发展史

事实上，纳米超微粒子早已广泛存在于自然界之中，并且与人类的生命活动密切相关。如我们所熟悉的动物的筋、皮、骨等都是纳米物质。

古铜镜

其实，人工制备纳米材料的历史至少可以追溯到1000年以前。我国早在古时候便懂得利用燃烧的蜡烛形成的烟雾制成碳黑，作为墨的原料或着色燃料。而现在，科学家们将它誉为最早的纳米材料。另外，我国古代的铜镜表面防锈层是由二氧化锡颗粒构成的薄膜。不过，遗憾的是当时人们并不知道这些材料是由肉眼根本无法看到的纳米尺度小颗粒构成的。

1861年，随着胶体化学的建立，掌握了胶体丁达尔现象后，科学家们开始对1～100纳米的粒子系统进行研究。但限于当时的科学技术水平，科学家们并没有意识到在这样一个尺度范围是人类认识世界的一个崭新层次，而仅仅是从化学角度作为宏观体系的中间环节进行研究。

20世纪初，开始有人用化学方法制备作为催化剂使用的铂超微颗粒。1929年，Kchlshuthe用A1、Cr、Cu、Fe等金属作电极，在空气中产生弧光放电，得到了15种金属氧化物的溶胶。同年，Welesley等人开始对超微颗粒进行X光射线实验研究。

1940年，Ardeume首次采用电子显微镜对金属氧化物的烟状物进行观察。

1945年,Balk提出在低压惰性气体中获得金属超微粒子的方法。现在看来,20世纪上半叶的研究特点是,人类已经自觉地把纳米微粒作为研究对象来探索纳米体系的奥秘。

20世纪50年代末,Y.Aharonov和D · Bohm预计,在微米、亚微米(纳米材料尺寸上限)的细小体系中,一束电子分成两束,以形成不同的位相,重新相遇后会产生电子波函数相干现象,从而导致电导的波动性。

60年代初,R · C · Chambers等人用实验观察到了电子束的波动性,证明了Y · Aharonov的预言。几乎在同一时期,日本理论物理大师R · Kubo在金属超微粒子的理论研究中发现,金属粒子显示出与块状物质不同的热性质,被科学界称做久保理论(Kubo效应)。

1963年,Ryozi Uyedo及其合作者发展了气体蒸发法或称为气体冷凝法,通过在纯净气体中的蒸发和冷凝过程获得了单个金属微粒的形

胶体的丁达尔现象

貌和晶体结构。

70年代末,美国MIT的W · R · Cannon等人发明了激光驱动气相合成数十纳米尺寸的硅基陶瓷粉末(Si、SiC、Si 3N4),从此,人类开始了规模生产纳米材料的历史。

1977年,美国MIT的德雷克斯提出,从模拟活细胞中生物分子的人工类似物出发可以组装和排布原子,并称之为纳米技术。

70年代末到80年代初,人类对纳米微粒的结构、形态和特性进行了比较系统的研究,在描述金属微粒方面可达电子能级状态的Kubo理论日臻完善,在用量子尺寸效应解释超微粒子等特性方面也获得了极大成功。

1984年,原联邦德国萨尔蓝大学Gleitor教授采用惰性气体蒸发原位加压法制备了具有清洁界面的纳米晶体Pd、Cu、Fe等多晶纳米固体。

1985年,美国科学家Kroto等

胶体的丁达尔现象

二氧化钛晶体

人用激光加热石墨蒸发法在甲苯中形成碳的团簇 C60 和 C70（团簇的尺寸一般在1纳米以下，它由几个到几百个原子构成）。

1987 年，美国 Argon 实验室 Siegol 博士用同样方法制备了人工纳米材料、二氧化钛等晶体。

90 年代初，采用各种方法制备的人工纳米材料已多达百种，其中，引起科技界极大重视的纳米粒子应属团簇粒子。

1991 年，日本NEC公司电镀专家 Iijima 在用 HRTEM 检查 C60 分子时意外发现了完全由碳原子构成的纳米碳管。

纵观 20 世纪 90 年代纳米材料的研究现状，可以证明人类已在各个学科层面上开展了深入细致的研究，并逐渐形成了纳米科学与技术领域及高科技生长点。

或许，于青少年朋友来说，如此叙述未免有些难以理解。事实上，综观纳米材料发展史，大致可以分为三个阶段：

纳米材料科学的发展及应用

第一阶段(1990 年以前):主要是在实验室探索用各种手段制备各种材料的纳米粉体，研究评估表征的方法，探索纳米材料不同于常规材料的特殊性能。

第二阶段(1990—1994 年):人们关注的是如何利用纳米材料的奇特物理、化学和力学性能设计复合材料。

第三阶段（1994—现今）：纳米组装体系、人工组装合成的纳米结构材料体系越来越受到人们的关注。

知识卡片

丁达尔现象

当一束光线透过胶体,从入射光的垂直方向可以观察到胶体里出现的一条光亮的“通路”,这种现象便为丁达尔现象。

久保理论

久保理论是针对金属超细微粒费米面附近电子能级状态的分布而提出来的，它与通常处理大块材料费米面附近电子态能级分布的传统理论不同,其有新的特点，这是因为当颗粒尺寸进入纳米级时，由于量子尺寸效应,原大块金属的准连续能级产生离散现象。

费米面

费米面是指在绝对零度下,电子在波矢空间(K 空间)中分布(填充)而形成的体积的表面。

纳米复合材料结构

第3章 纳米材料

四、纳米大变身

众所周知，瓷杯是很容易摔碎的。可是，如果你把一只用纳米粉制成的瓷杯，对着凹凸不平石子地面摔下去，杯子只会凹下一个瘪坑而已。

纳米铜的强度比普通铜高5倍，在室温下冷轧可以从1厘米左右延展到1米，厚度也从1毫米变成10微米，超塑性形变延伸100倍而不会断裂。

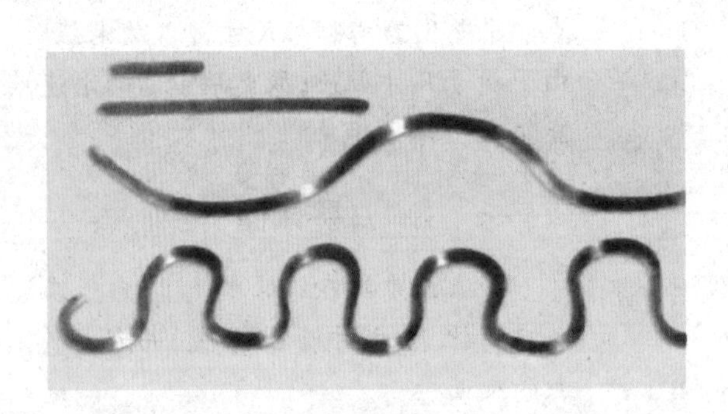

纳米铜

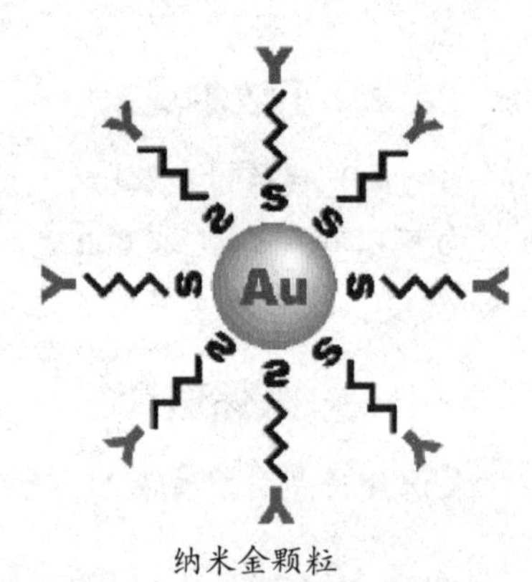

纳米金颗粒

俗语说“真金不怕火炼”。不过，有很多金属当颗粒小到纳米级时熔点就会下降。如块状金的熔点为1064摄氏度，当粒度为2纳米时，熔点就会下降至327摄氏度。于是，真金就再也禁不住烈火的煅烧了！

石墨碳本来是导电体，不过，当1983年美国物理学家和化学家霍夫曼用两根碳棒做电极合成了纳米级的C60后，它就变成绝缘体了。

石墨碳棒

鸽子、蝴蝶、蜜蜂等生物中都存在超微磁性粒子。事实上，其本为20纳米的磁性氧化物。该种小尺寸超微粒子的磁性比大块材料强1000倍。利用超微粒子的这个特性，已做成高储存密度的磁记录粉，用在磁带、磁盘、磁卡，等等。不过，当它的尺寸减小到6纳米时，磁性便会突然减小。

事实上，类似于这种当某种材料的尺寸达到纳米级别时，其各方面的性能就会突变的例子还有很多很多。不过，究竟为什么会如此特性呢？究其原因，还要追溯到纳米粒子的奇特效应。

表面效应

纳米粒子的表面效应是指材料粒子直径小到纳米级别时，粒子的表面原子数和比表面积、表面能都会迅速地大幅增加，从而引起材料性能的变化。

如当颗粒直径为0.1微米时，处在其表面的原子只占2%，而98%的原子“挤在”颗粒内部；当颗粒直径为5纳米时，表面的原子就占40%。这种大幅增加的表面原子，会变得和内部的原子不一样。它的周围缺少相邻的原子，有许多悬空键，具有不饱和性质，容易与其他原子相结合。因此，它具有很大的化学活性，以致惰性十足的白金也会变黑，生成多种化合物。

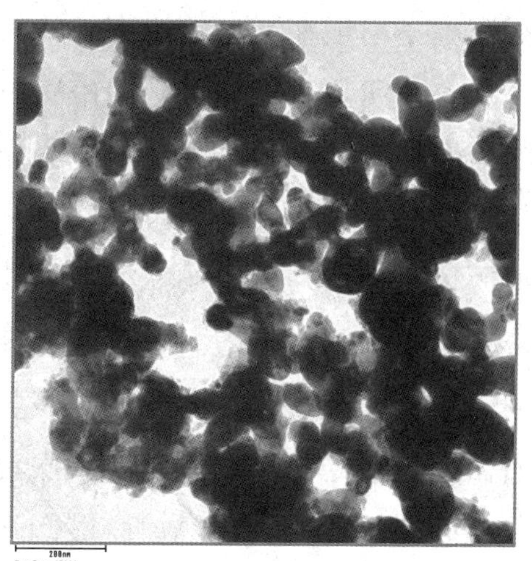

催化可以体现纳米表面效应

在纳米世界中，因为物体很小，重量变得微不足道，电荷趋向物体的表面，与表面相关的表面张力等静力的作用就显得极为重要。

随着超微颗粒尺寸的不断减小，在一定条件下，便会在物理、化学性质上引起变化，而这就是所谓的小尺寸效应。

量子能级效应

原子由原子核和围绕原子核运动的电子组成,而电子又小又轻,围绕着核随机地运动。因此，我们不可能预测电子所经过的路径，只能知道电子出现在某处的概率。

电子所具有的能量是一份一份的，而非连续不断。而且一定的能量对应一个能级。当无数的原子构成固体时，单独原子的能级就合并成能带。由于电子数目很多，能带中能级的间距很小，因此可以将其看做是连续的。这就好比一张像素很高的照片,只要将其放大,我们就会看到它其实是由无数分立的点构成的。

不过，当固体的尺寸下降到纳米级时，能级间的间距便会随着颗粒尺寸的减小而增大，从准连续能级变为离散能级，从而导致纳米微粒的光、电、磁、热、声及超导电性与宏观时有着显著的不同，而这即为所谓的量子能级效应。

显然有了量子能级效应，经典物理中所描述的导体两端电压、电流、电阻相互关系的欧姆定律也就随之失去效率。

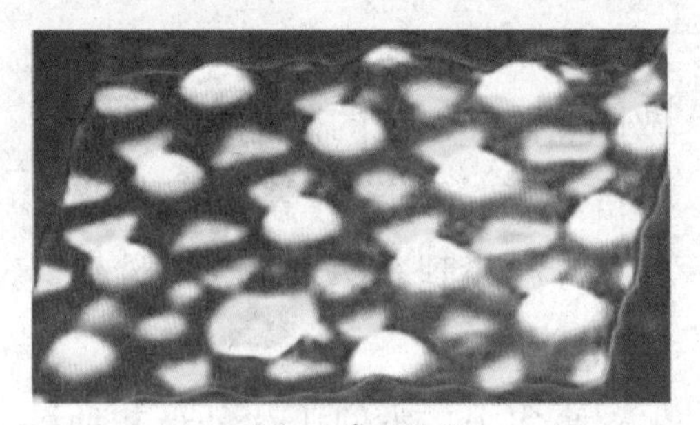

欧姆定律失效了

量子隧道效应

在宏观世界,“崂山道士穿墙而过”只是个神话。但在微观世界,“穿墙而过”已成为现实。那么,究竟是什么原因导致两者的差异呢？其实，主要是因为微观粒子具有波动性。它能从一个波谷，穿过电势能较高的区域，到达另一个波谷。而量子穿越的行为，就好比穿过山中的隧道,所以叫做量子隧道效应。

诚然,进入纳米世界,一切都变得那么神奇。然而，目前我们也只是了解它的“变身术”的一部分,也仅能使用我们已掌握的微观世界的规律，来解释那些我们不甚了解的奇特效应。显然，这还远远不够，还有很多新的规则、新的理论等待进一步的建立。

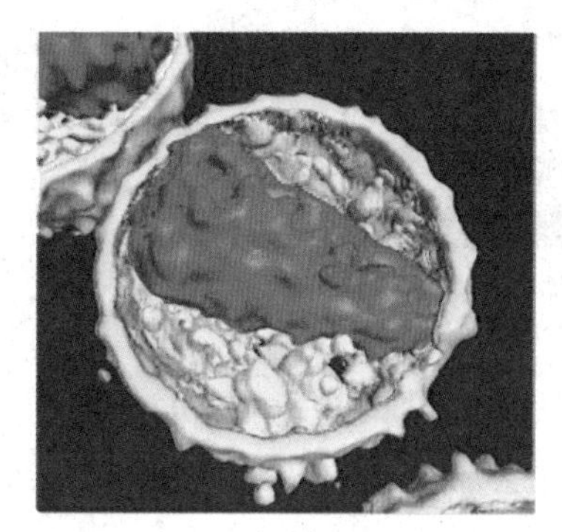

量子隧道效应

量子

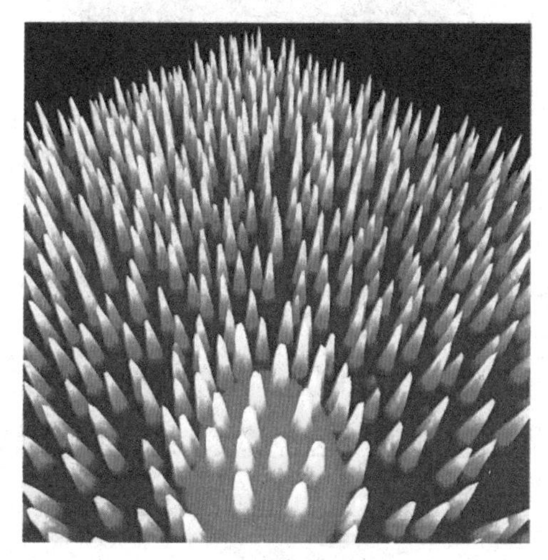

量子森林

1900年，德国物理学家普朗克首先发现，微观世界物体能量的变化是非连续的，而这种不连续的最小能量单位便是能量子。这个划时代的发现，打破了一切自然过程都是连续的经典理论，第一次向人们解释了微观自然过程的非连续本性，或量子本性。

另外，有时也会将微观粒子统称为量子。如量子能级效应，指的便是微观粒子的能级效应。

表面张力

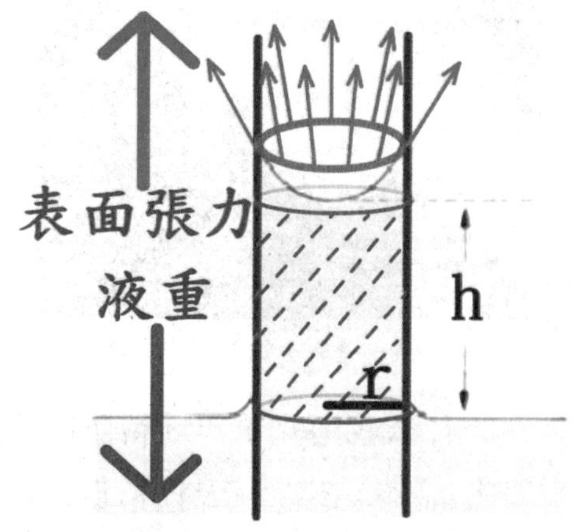

表面张力是液体表面层由于分子引力不均衡而产生的沿表面作用在任一界面上的张力。

第3章 纳米材料

五、如何制造纳米材料

纳米材料是如此的神奇，那么，人们是如何制作它们的呢？是不是所有的纳米材料都需要采用高新科技才能制成？事实上，各种纳米材料的制作，根据其种类的不同，在技术要求方面是有高低悬殊的。例如，用一块玻璃片在点燃的蜡烛上面来回晃动，玻璃片上就有了一层烟，而这也就是最简单的纳米技术产品。

秦权古铜器

为什么我国几千年前留下的古铜器表面至今还完好无损？那是因为它表面的防锈层涂有纳米氧化锡颗粒构成的一层薄膜。在中世纪，为什么有些教堂里玻璃窗户五彩缤纷？那是因为玻璃上涂有按尺度不同而呈现出的黄、红、紫、黛、绿等不同颜色的纳米金粉。只不过，在那时人们还并不知道什么是纳米材料、纳米技术。

中世纪沙特尔教堂的彩色玻璃

事实上，制造不同的纳米材料需要用不同的方法。那么，就让我们看一下比较常见的几种制作方法吧。

反玻璃化生产法

反玻璃化生产法是最先在工业上用的生产纳米金属材料的方法。

事实上，就是将炼好的熔融金属液体，浇铸到内通强冷却剂的高速旋转的铜辊上面，让冷却速度增加到1000000 摄氏度/秒从而得到金属玻璃体。然后再对此金属玻璃体进行反玻璃化处理——加热使金属重新结晶，若控制处理的温度和时间，便可以得到晶粒为 10 ～ 20 纳米的晶体。

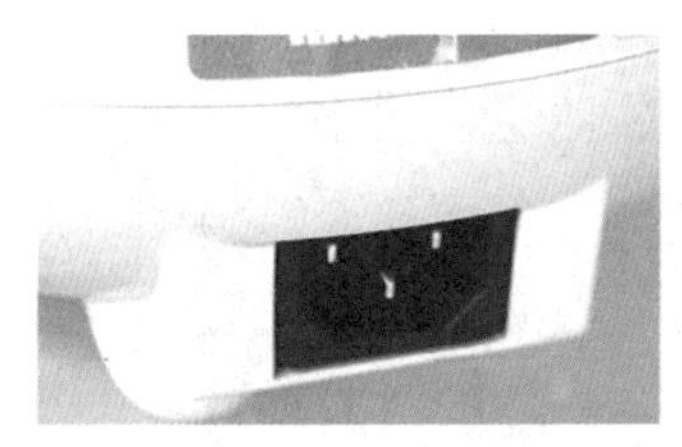

陶瓷纳米级晶体层

在我国，采用合金非晶态薄带生产线制成纳米级晶体，做开关电源和漏电保护器的铁芯，至少已经有 15 年的历史。

电离蒸发沉积法

电离蒸发沉积法就是把要制作纳米粉末的物质蒸发，然后在蒸发皿上部设置一个冷却点，以至蒸发粒子聚集在冷却点上，而将它刮下来即可得到纳米粉末。

球磨法

球磨法是一种制造纳米粉末的方法。如制造碳酸钙粉，首先将石灰石磨成粉，放入肥皂液中搅动，随

后便会看见粗的沉入底部，而那些足够细的就被肥皂泡的表面吸附，然后汲取肥皂泡，挥发掉肥皂剂，剩下的就是纳米级粉末。

力致法

力致法就是使用压力、扭力、拉力等，使晶粒变小，直至小到纳米级。

另外，工业生产中制造纳米材料的方法还有凝聚法、高能加工法、水热合成法、溶胶凝胶法、微乳液法、模板法、辐射合成法、爆炸法，等等。这些各种方法还处在不断发展中。

知识卡片

结晶

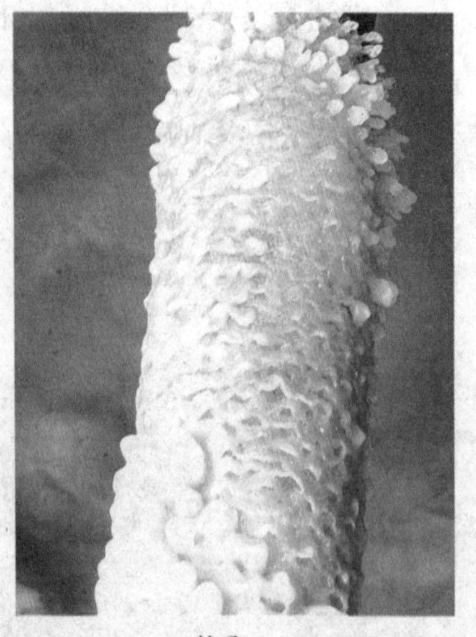

结晶

热的饱和溶液冷却后，溶质以晶体的形式析出的这个过程称为结晶。

电离

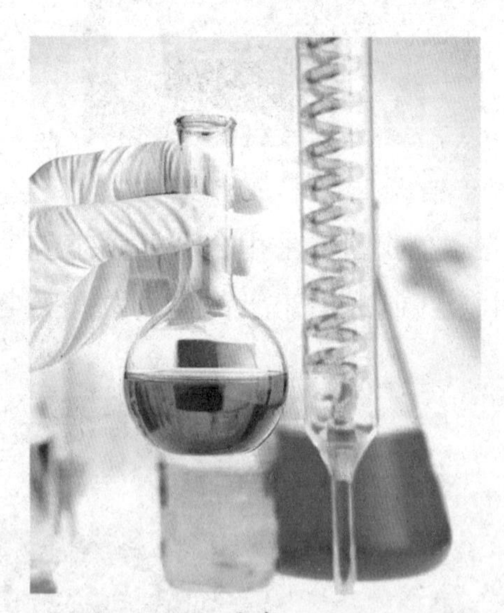

电离

电离就是指电解质在水溶液中或熔融状态下离解成自由移动阴阳离子的过程。电解质是指溶在水溶液中或在熔融状态下就能够导电并产生化学变化的化合物；化合物是指由两种或两种以上的元素组成的纯净物。

第3章 纳米材料

六、纳米纺织品

纳米技术是现代科学和现代技术结合的产物，它的发展使人类社会、生存环境和科学技术本身都将变得更加美好。自然，它也为纺织品带来了别一样的产品——纳米纺织品。

人工蜘蛛丝

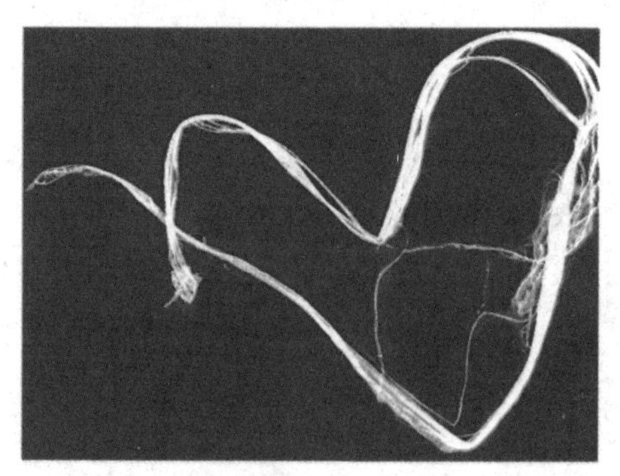

转基因技术制造人工蜘蛛丝

首先从蜘蛛身上抽取蜘蛛丝基因，植入山羊体内，使山羊的奶中含有蜘蛛丝蛋白，然后再经过特殊的工序，将蜘蛛丝蛋白纺成人工基因蜘蛛丝。该种蜘蛛丝具有非常好的力学性能，可以将其作为优异的能量吸收材料，用在防弹衣、降落伞、耐磨服装、手术缝合线、航空母舰拦截飞机的绳网，等等。

超细纤维

超细纤维由于纤度极细，大大降低了丝的刚度，因此用其做成的织物手感极为柔软。而纳米纤维是超细纤维的一种。一般来说，将不溶解在水的聚酯分散在水溶性聚酯中，在纤维截面中被分散的物质呈“岛”状，而母体就相当是“海”，然后采用溶剂把“海”组分溶解掉，剩下的部分就是纳米纤维。纳米纤维虽然以化纤为原料，不过却有着比棉纤维还要好的吸水性与吸湿性。

另外，由于纳米纤维具有较强的黏合性，可用其制造高级时装、运动服的仿真丝、防麂皮织物。

纳米羊绒衫

长期以来，羊绒制品以其品质轻柔、穿着舒适、华贵典雅等优良特性而深受人们青睐。但它的娇贵、不易清洗和护理，又不得不让人生畏。然而，现今纳米羊绒衫的横空出世似乎已经一扫人们的所有担忧。因为无论是水滴抑或是小颗粒动植物油，基本上都无法与纳米羊绒衫表面接触。另外，该种纳米自清洁技术又不会损害羊绒本身的柔软、滑爽、透气性能，等等。它是指拒绝液体，不会阻隔空气，丝毫不会影响羊绒衫的纹理结构、透气性能以及对皮肤的亲和性。

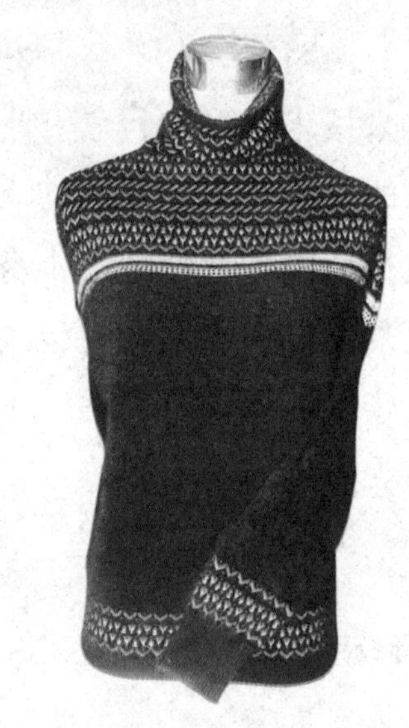

鄂尔多斯纳米羊绒衫

超细纤维毛巾

我国已开发的纳米纺织品

纳米面料

我国是首次在纺织领域内利用纳米技术生产面料的国家。这种新型面料在外观上虽然与普通面料无根本差别，但其却提高了防水、防油污的功能，同时还具有杀菌、防辐射、防霉等特殊效果。

纳米领带

若将一杯水倒在纳米领带上，其也会完好如初，只有几滴水珠在上面滚动。如果倒上酱油，只需拿起来一抖，并将剩下的一些细小的黑色水珠用布轻轻擦拭即可如当初般洁净。

纳米国旗

北京京工红旗厂曾向天安门管理处赠送了两面采用纳米技术制成的国旗。若将整盆水倒在旗面上，也不会留下一颗水珠。纳米国旗的制作方法是以质点极细的雾喷在织物上。而雾的成分就是疏水、疏油的纳米材料。

纳米国旗

第3章
纳米材料

七、纳米“天梯”

曾经，有很多人取笑过英国科幻作家克拉克提出的“制造一部长达1000000千米的‘太空天梯’”，认为其纯属无稽之谈。然而，在2002年9月，曾有很多科学家提出，人类完全有可能乘坐“天梯”上九霄。如今，这个革命性的工程也有了不同的建造方案。

太空电梯概念图

美国天梯

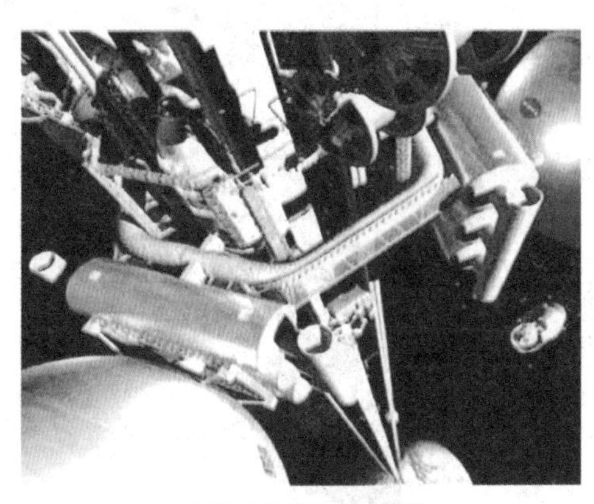

美国欲建“月球天梯”

在未来50年,美国很有可能会建造出太空天梯。其核心部分是一条距离地球表面将近100000千米长的缆绳。其靠近地球的一端将被固定在可能在太平洋中部某个地方的基站,而另一端将连接到一个在太空中绕地球轨道运行的物体上,用以充当平衡锤。而它本身所具备的离心力将能够使缆绳并绷紧,从而使飞行器等运载工具能够上下穿梭。

俄罗斯天梯

欧洲空间局曾委托俄罗斯建造一部可以把太空物资直接从“国际空间站”运回地球的太空天梯。而俄罗斯采取的方案是:装有货物的太空舱从“国际空间站”通过一根长300千米的缆绳送回地球。虽然缆绳很长,但其重量不会超过6千克,其是用特别材料制成的。当其进入大气层后,缆绳便会燃烧掉。然后,货物会依靠自带的气球继续落向地球。

不过,美国“天梯”也好,还是俄罗斯“天梯”,它们究竟都是如何构建的呢?

在大洋中的某个海域建造一个漂浮的平台,并且该海域要鲜有暴风雨、闪电和巨浪。太空电梯必须设置避雷装置,否则“天梯”将被斩断。另外,平台还要远离飞机的航线和卫星的轨道。

然后再用一条从地面上升起的长达100000千米的太空缆绳充当电梯上下的轨道。太空缆绳的另一端将连接外太空的卫星上,以达成平衡。

太空电梯重达20吨,整个外形俨如在一个圆球下面直接吊一根很长的缆绳。电梯将履带轨道固定在缆索的两端,并且依靠从地面发射的激光转换成的电能作为推动力。据了解,太空电梯将建造成管状型的通道。

由于太空电梯的缆绳同时承受地心引力和离心力的双重拉扯，因此需要用相当强的材料制成，而纳米碳管正是最为理想的材质。另外，科学家也认为用碳纳米管制成的缆绳可以从近地卫星悬挂到地面，并且不会因自重而断裂。

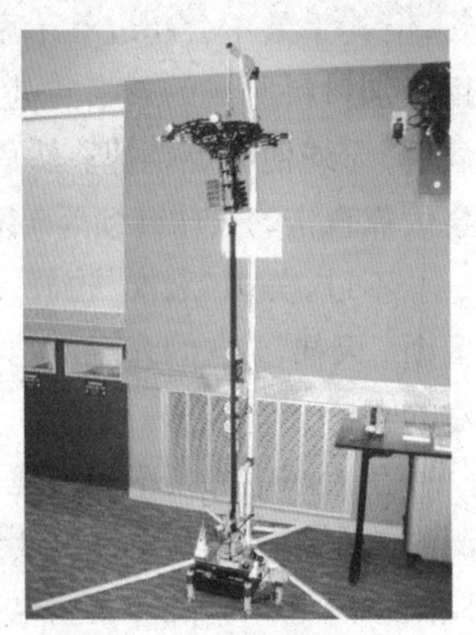

关于天梯的设想

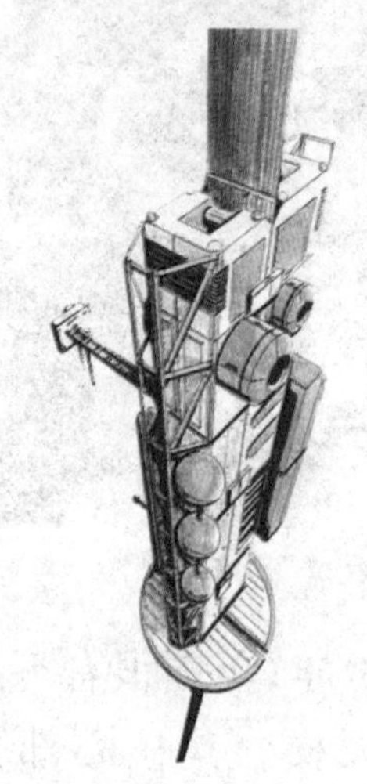

太空电梯缆绳的架设

知识卡片

地心引力

地心引力

地球本身具有相当大的质量，所以会对地球周围的任何物体表现出引力，即所谓的地心引力。不过，重力并不等于地心引力。

重力

重力是指由于地球的吸引而使物体受到的力，其单位是牛顿(N)。

离心力

离心力是指由于物体旋转而产生脱离旋转中心的力，也指在旋转参照系中的一种视示力。

第3章
纳米材料

八、窥探“飞檐走壁”的秘密

壁虎是非常丑陋的。或许，有些青少年学生还会望而生畏。不过，壁虎也有着人们所不可企及的绝技——飞檐走壁。它可以自如地在墙壁上、屋檐下爬行捕食小昆虫。那么，为什么其貌不扬的它们身怀如此本领呢？

经科学家研究发现，壁虎那俨如光滑“软垫”的每一个足趾上，都具有上兆根头部如铲子一样的刚毛，能够轻易抓住物体表面突出的地方。另外，通过电子显微镜观测可以发现，壁虎的脚趾上生有数以万计的细小刚毛。而且每根刚毛上竟然还有多达 1000 根更细的分支毛，每根分支毛的直径与毛间隔都是几百纳米的结构。当与物体表面接触时，绒毛的末梢就可以弯曲变形，与物体表面充分贴合。因此，壁虎就会与墙壁或玻璃分子间距非常近，从而产生分子引力。

壁虎足趾上的刚毛

飞檐走壁的壁虎

蜘蛛侠的构想

虽然每一根刚毛产生的力道微不足道，但若同时拥有几亿个着力点那就另说了。据悉，壁虎的一个足趾就足以支撑其整个身体。

因此，根据壁虎理论，人们采用了各种方法来仿造壁虎的刚毛，以便能够像“蜘蛛侠”那般飞檐走壁。其中一种方法为：在电子显微镜下用纳米级的探针来制作。首先在蜡质模具上刻出所需要形状的缺口槽，然后再注入液态的聚合物。待聚合物凝结后，就形成了人造聚合体刚毛。虽然两根人造刚毛在一起时产生的黏合力很小，但数以万计的力累加起来，那就将是一种很强的力量。

目前，仿壁虎材料主要应用在机器人上——该种机器人无论在什么恶劣的条件下，都可以在任何表面上爬行。因此，它们可以在太空飞行器的外表面行走，给飞行器进行“体检”等等。

分子引力

分子之间的引力又称为范德瓦尔斯力，是在中性分子或原子之间的一种弱电性吸引力。其只约有 20 千焦/摩尔，比一般化学键能小得多，也没有方向和饱和性，所以不能算作化学键，但它也影现物质的性质。如中性分子和惰性气体原子就是靠范德尔瓦斯力凝聚成液体或固体的。

分子引力

第4章

生命与纳米

◎ 生物体中纳米级的工厂
◎ 生物体中所体现的高超纳米科技
◎ 生物之间的奇异特性
◎ 开辟生命研究的新天地
◎ 生物电脑
◎ 纳米级的生物工程产业

一、生物体中纳米级的工厂

人是自然界中最完美、最精致的杰作，每个器官和组织都是由不同种类、不同功能的细胞组成。细胞是生命体的最小单元。现代生物研究表明，除却病毒外，不管生命体的形状、大小和构造存在多大的差异，它们都由细胞组成。科学家发现，相对纳米来说，细胞就好比是一个纳米级的大工厂。

细胞是由细胞膜、细胞质和细胞核构成的。另外，其中还含有直径为 6 ~ 20 纳米的细丝。这些细丝纵横交错构成了细胞体骨骼体系。在液状的细胞质中，还含有各种各样的细胞器：线粒体、内质网、核糖体、高尔基体，等等。

生命体最小的单位——细胞

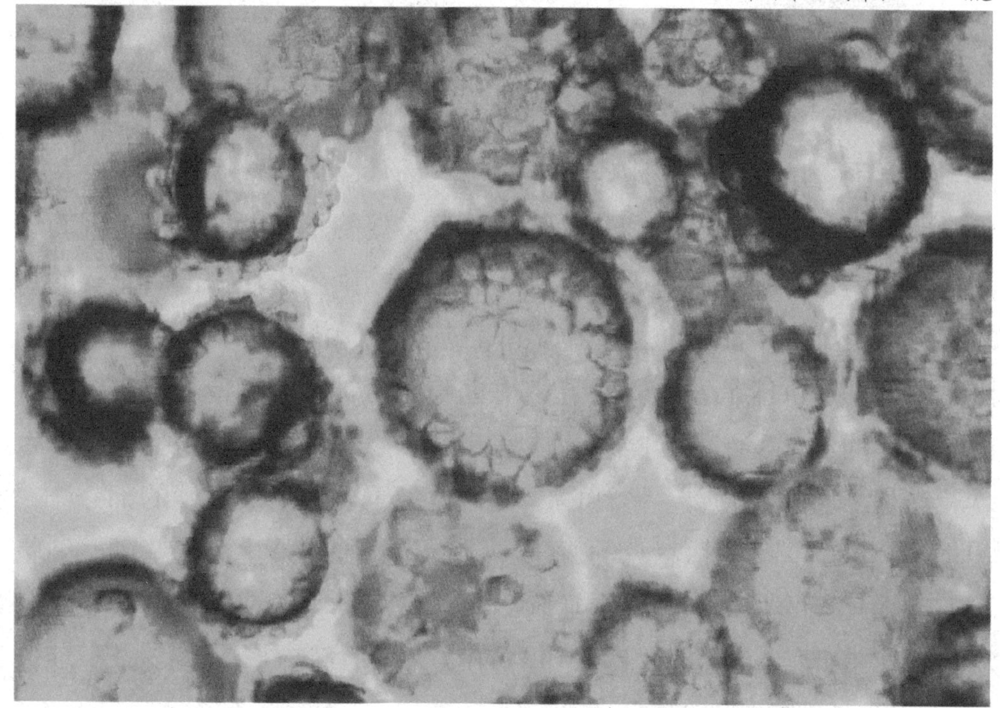

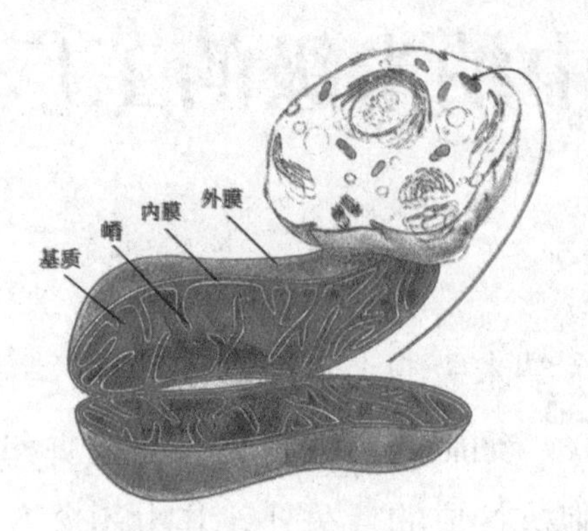

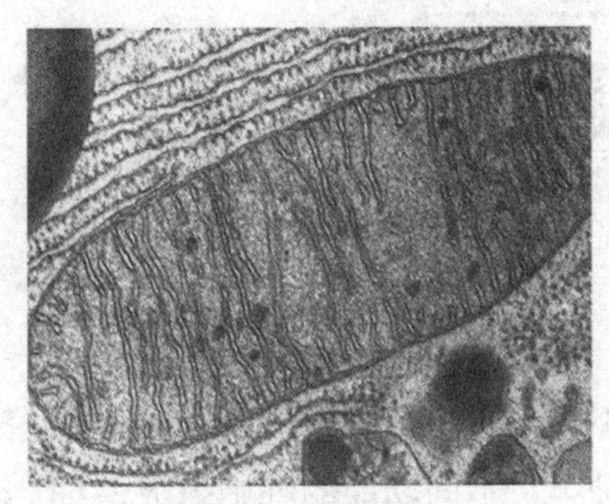

线粒体示意图

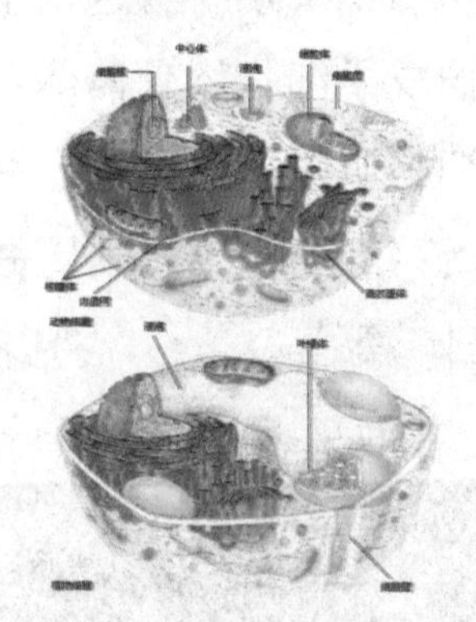

高尔基体示意图

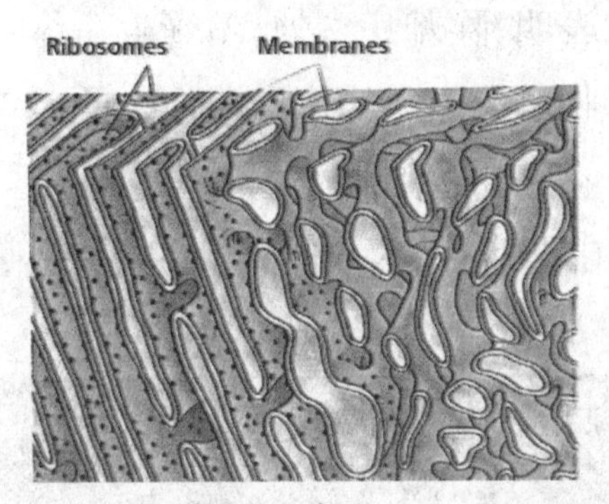

内质网示意图

科学家之所以将细胞比作一个纳米级的大工厂，也是有根据的：细胞核就相当是指挥控制中心；线粒体就相当是细胞中的“动力站”，为细胞的活动提供能量；内质网就相当是工厂的“传输通道”；高尔基体就相当是工厂的“仓库”；核糖体就相当是“化工厂”，林林总总的成千上万纳米尺度的分子机器，在细胞核的指挥下，协调高效地工作。

为什么彼此之间有血缘关系会有着多处的相似之处？那是因为细胞核中的染色体在扮演着重要的角色。其是遗传物质 DNA 的载体，里面隐藏着神奇的遗传密码，控制着细胞的生长和繁殖，是指挥整个生命体最重要也是最微妙的部分。

生物细胞是生命的基础。细胞“大工厂”的主要产品核糖核酸蛋白质复合体（简称蛋白体），是一种包括核酸和蛋白质生物的大分子。其中，DNA是核酸的重要部分，扮演着指挥的角色；而蛋白质不仅是构成机体组织器官的基本成分，而且其在DNA的指令下，还在不断地进行合成与分解，进而推动生命活动，调节机体正常的生理功能，以保证机体能够正常生长、发育、繁殖、遗传以及修补损伤的组织。事实上，DNA链与蛋白质链都处于纳米尺度上，因此，蛋白质的复制和变异也都是在纳米尺度上进行的。

酶也是一种蛋白质，它在细胞中所扮演的角色是催化剂：或帮助合成蛋白质，或用来分解蛋白质。1944年，量子力学的奠基人薛定谔曾经提出："生命活动是由纳米尺度的分子机器来实现的，酶是一种天然的分子机器，它能打断化学键，使分子重新结合。"

DNA分子结构图

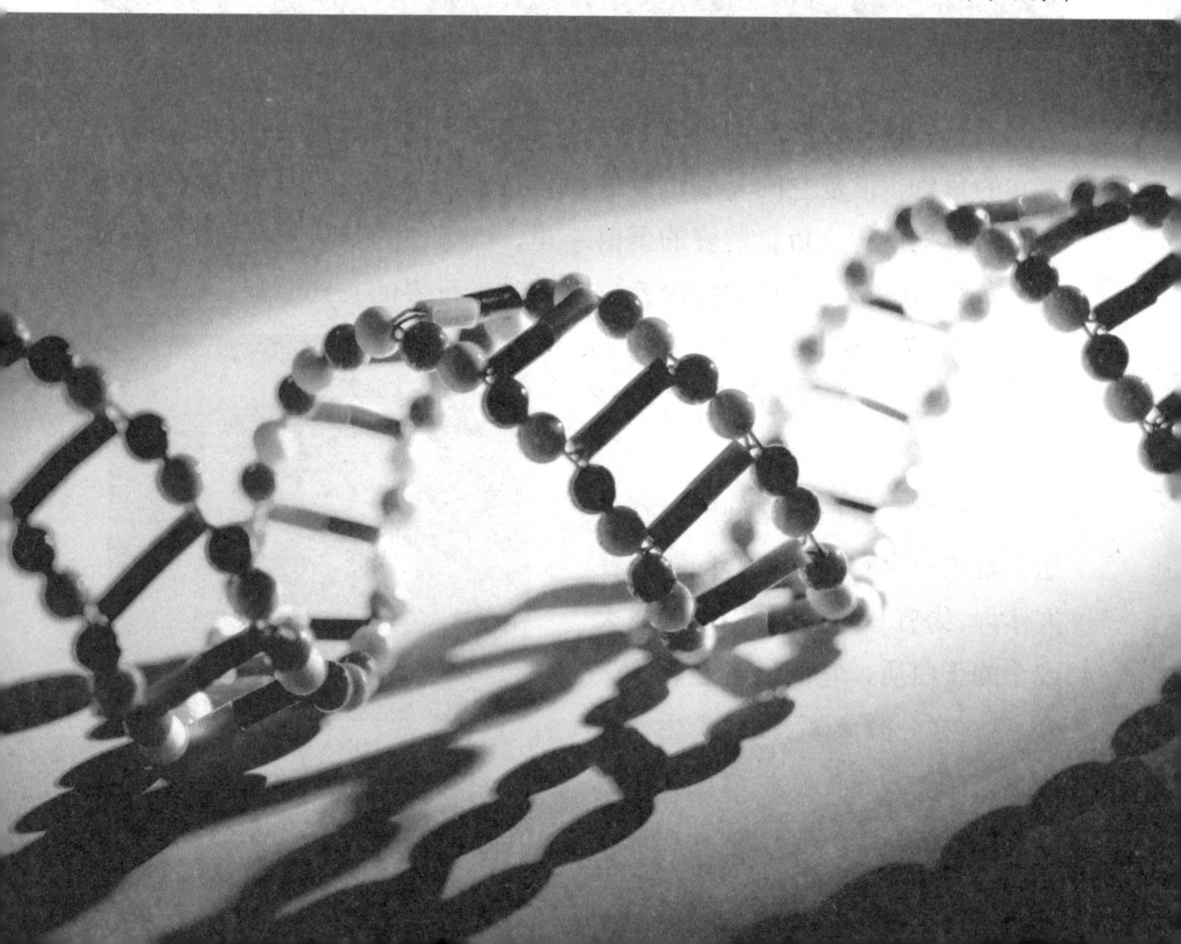

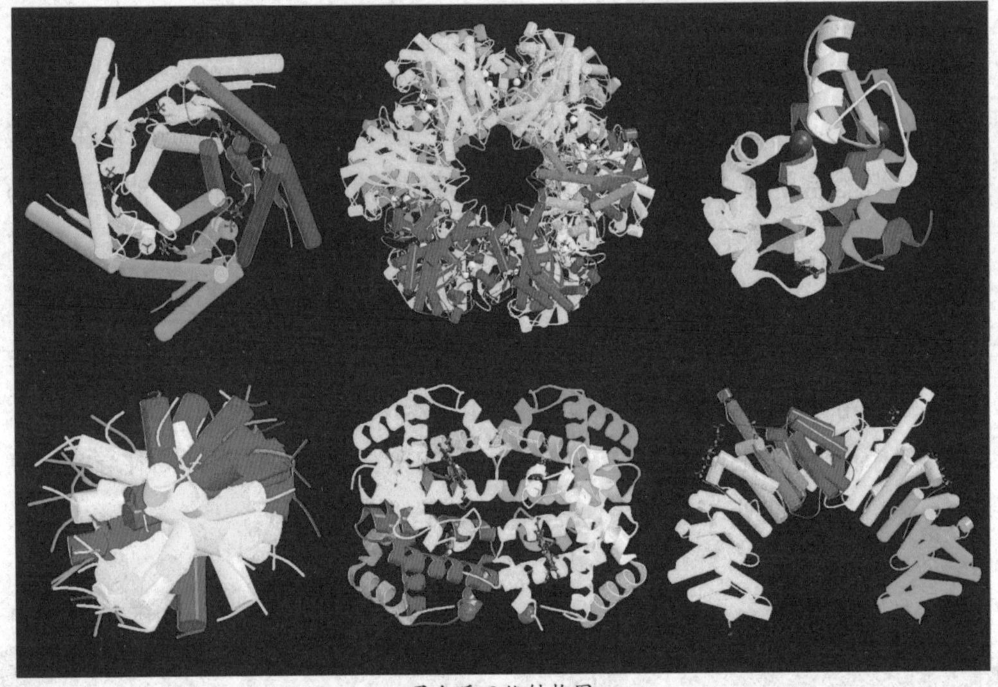

蛋白质三维结构图

虽然 DNA 在细胞中扮演着指挥官的角色，但是它的复制也要依靠蛋白质来执行。负责解旋的蛋白酶以DNA分子为轨道，就像解开拉链头一样，负责将DNA双链分开为两条互补单链，每分裂一次，拉链就短一截。

蛋白质与蛋白质之间的交互作用，是生命中重要的核心问题。在人体内，约有 20 万多种不同的或大或小的蛋白质，它们通常是合了又分，就这样分分离离，演绎着生命的历史。诚然，它们在生命过程中有着精彩绝伦的表现，着实令人称奇，但是它们却真实的发生在纳米世界里。当然，它们要“入乡随俗”，遵循着纳米世界的一切原则。

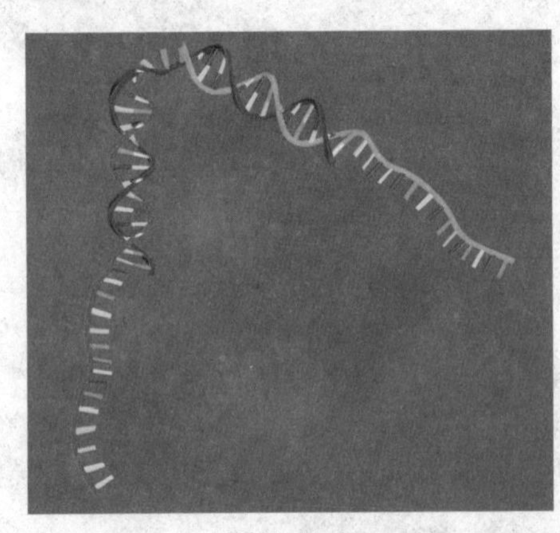

DNA 镊子

知识卡片

细胞核

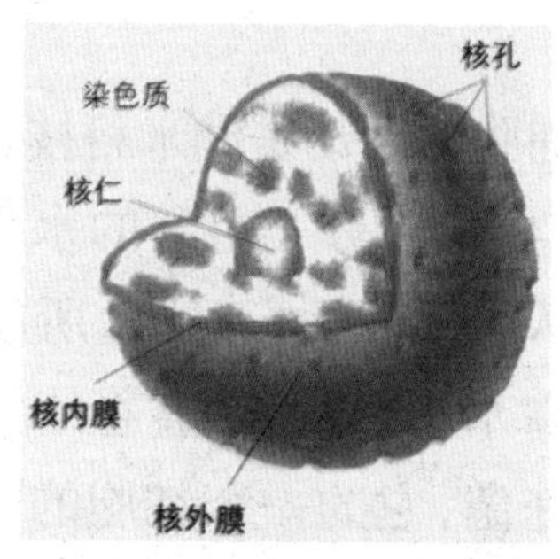

细胞核是真核细胞中最大的并由膜包围的最重要的细胞器，是遗传物质贮存、复制和转录的场所。其主要包括核被膜、核基质、染色质和核仁四部分。

线粒体

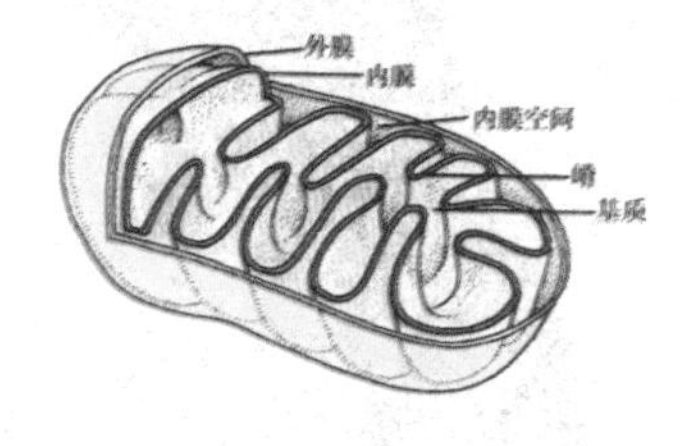

线粒体是一种存在于大多数细胞中并由两层膜包被的细胞器，直径在0.5～1.0微米。其一般呈短棒状或圆球状，但因生物种类和生理状态而异，还可呈环状、线状、哑铃状、分杈状、扁盘状或其他形状。

内质网

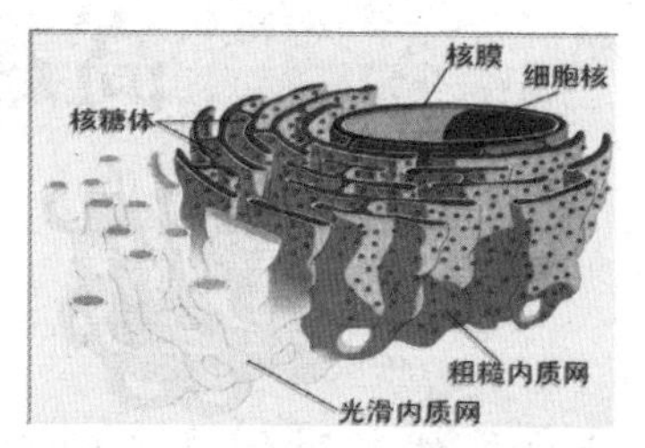

内质网是细胞内一个精细的膜系统，是交织分布于细胞质中的膜的管道系统。两膜间是扁平的腔、囊或池。内质网分两类，一类是膜上附着核糖体颗粒的叫粗糙型内质网，另一类是膜上光滑的，没有核糖体附在上面，叫光滑型内质网。

高尔基体

高尔基体亦称高尔基复合体、高尔基器，是真核细胞中内膜系统的组成之一。其是意大利细胞学家高尔基于1898年首次用银染方法在神经细胞中发现。

核糖体是细胞内一种核糖核蛋白颗粒，主要由RNA和蛋白质构成，它的唯一功能是按照 mRNA 的指令将氨基酸合成蛋白质多肽链，所以核糖体是细胞内蛋白质合成的分子机器。

二、生物体中所体现出的高超纳米科技

生命体成长过程是典型的纳米科技制造模式:自我复制、自我组装。例如,土壤中的马铃薯会操纵土壤、阳光、空气和水里的原子来复制自己,从而逐渐长大。人类如同许多生物体一样,由一个很小的受精卵开始成长,最终成为成人。

细胞的活动是纳米科技特征的活动,生物体分子组装的水平远远超过人类现有加工技术所能达到的最高水平。例如,直径1微米的大肠杆菌,它的一个细胞的贮存容量就相当是一张高密度软盘的存贮容量。

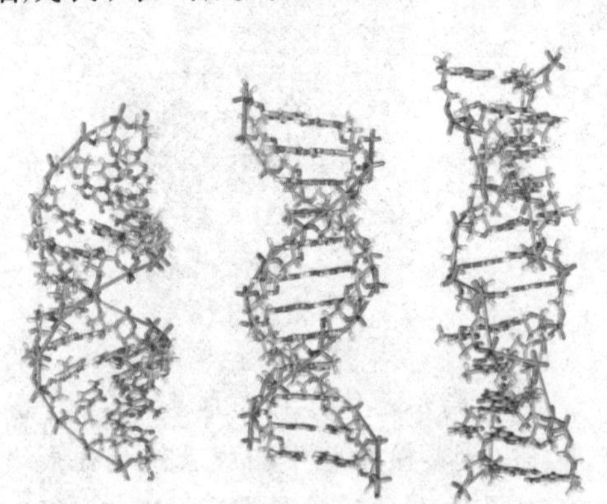

基因复制的基本特征

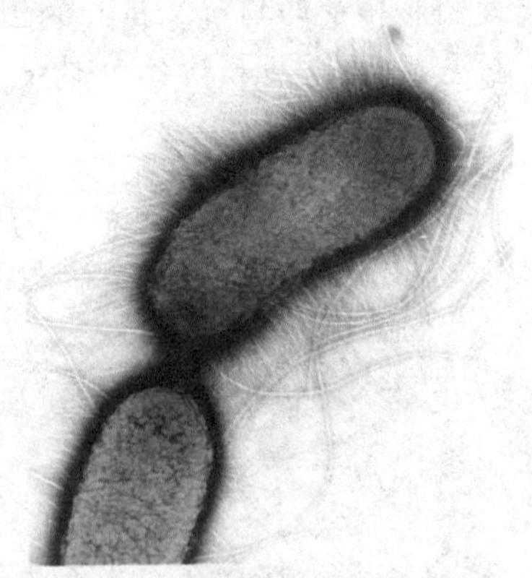

大肠杆菌

一个核糖体分子能以50多种蛋白质为前驱体进行有序的组装,简直是生命体内的“纳米组装机”。

或许,在人们的概念中,总是有这种观念——总在河边走,哪有不湿鞋?就是再精密也会有出错的时候。但是,核苷酸合成DNA的出错率却仅有10^{-11},这种概率简直是微乎其微。

或许,在人们的概念中,也会有这种观念——小植物又岂能有多大的力量?殊不知,绿色植物所转化的能量和合成的有机化学品的吨位数，简直比世界上现有化工厂的全部生产能力还要大……

大自然是奇妙的。倘若要将其中能体现纳米科技的生命体一一列举，那样太繁多了。事实上，在生命体自存在到灭亡的整个过程中，无时无刻地不再体现着纳米科技。只是，我们未曾了解而已。

核苷酸

核苷酸是一类由嘌呤碱或嘧啶碱、核糖或脱氧核糖以及磷酸三种物质组成的化合物。

次黄嘌呤核苷酸 (IMP)

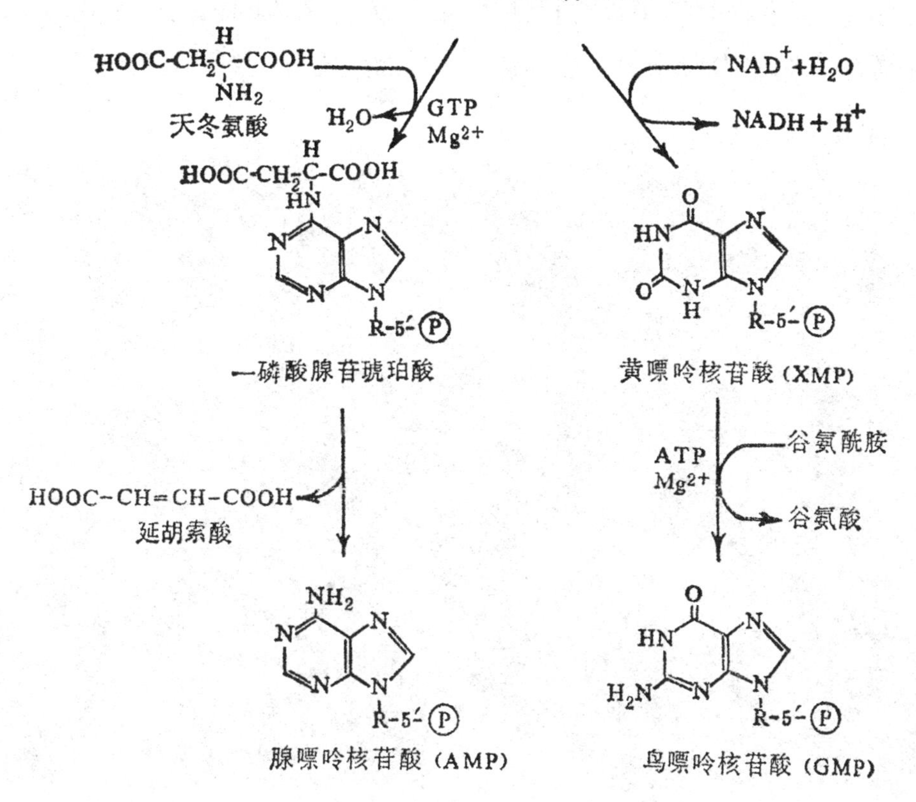

第4章 生命与纳米

三、生物之间的奇异特性

在自然界这个小小的圈子里，却隐藏着大大的惊奇。譬如荷叶上为什么会纤尘不染？牙齿为什么会千年不朽？昆虫的眼睛为什么在极脏的环境中还能够保持洁净？等等。而这些，只有我们试着去接近，去感受它，才能得到更多的知识。

事实上，生物的诸多神奇特性，都来源于它们体内原子与分子水平上的独特结构——纳米结构。

荷叶效应

“本无尘土气，自在水云乡。楚楚净如拭，亭亭生妙香。”这是对莲的赞美，赞美它出淤泥而不染。那么，为什么莲的根扎在池塘的淤泥中，而莲的叶能纤尘不染呢？

荷叶表面的纳米复合结构

如果用电子显微镜观察荷叶的细绒毛，便可以清晰地见到叶面上有很多乳突体。这些乳突体的高度有5～10微米，每个乳突由许多直径为200纳米左右的突起组成。显然，在荷叶叶面上存在着非常复杂的多重纳米和微米级的超微结构，而其又导致荷叶表面形成一个挨一个隆起的“小山包”，“山包”顶上又长出了一个个类似馒头状的“碉堡”凸顶。

一般来说，“山包”间的凹陷部分会充满着空气，以便紧贴叶面形成一层只有纳米级厚的空气层。因此，当在尺寸上远大于该种结构的灰尘、雨水等降落在叶面上后，隔着一层极薄的空气，只能同叶面上“山包”的凸顶形成几个点接触，由于空气层、“山包”状突起和蜡质层的共同托持作用，令水滴不能渗透，而能自由滚动。雨点在自身的表面张力作用下形成球状，水球在滚动中吸附灰尘，并滚出叶面，永远钻不到荷叶内部。而这也就是所谓的“荷叶效应”的奥妙所在。

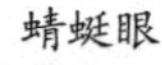

蜻蜓眼

昆虫的自洁

一般来说，有很多昆虫的单眼都具有 100 ~ 200 纳米的颗粒度；而那些具有复杂双眼的昆虫，它的复眼由成千上万的透镜组成。例如，蜻蜓的每个眼都是由 30000 个棱镜组成，棱镜中又存在着很细微的绒毛。

事实上，昆虫的眼就像荷叶一般具有“自洁”作用。如生活在极脏环境中的甲虫，通常通过连续分泌油状疏水的液体（这些分泌物可以阻止亲水的污垢）来保持自身的清洁。

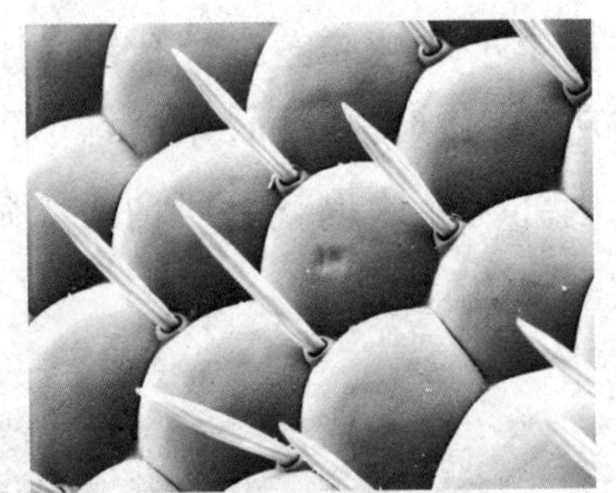

蜻蜓眼睛纳米结构图

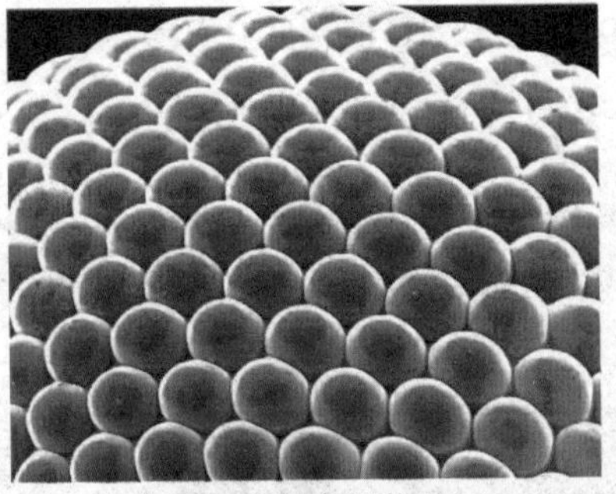

苍蝇复眼纳米结构图

蛇鳞

蝙蝠

蛇和蝙蝠的本领

为什么蛇没有脚反而也能行走如飞呢？为什么蝙蝠能随意倒挂栖息呢？这其中又都存在着什么奥秘呢？

原来蛇腹部的鳞片同样具有纳米结构。其包括排列有序的微纤维阵列，该阵列高度不对称，末端曲率半径为 20 ~ 40 纳米。不过，恰恰是这些不对称阻止了蛇向后运动，以便为它们向前运动提供摩擦。而这也正好解释了没有脚的蛇为什么能够“疾行如飞“。

蝙蝠的拇趾、腕关节或脚关节都具有黏性垫，而这些黏性垫同样也具有纳米结构。通常情况下，它们都是利用这些黏性垫进行黏附的。因此，它们可以自如的倒挂在自己认为安全的领地，哪怕是一些光滑的表面，它们也同样如履平地。

复眼

复眼是相对于单眼来说的，它由多数小眼组成。每个小眼都有角膜、晶椎、色素细胞、视网膜细胞、视杆等结构，是一个独立的感光单位。

棱镜

棱镜是一种由两两相交但彼此均不平行的平面围成的透明物体，可以用来分光或使光束发生色散。

第4章 生命与纳米

四、开辟生命研究的新天地

在纳米尺度上获取生命信息的研究中，纳米技术不仅为我们提供了全新的手段和认识方法，使生命研究从描述性、实验性科学向定量性科学过渡，为打开生命科学的神秘大门开辟了新途径，而且也让我们认识了生命体很多前所未知的现象，从而也让我们能够在分子尺度上探索生命的奥秘。

纳米探针

纳米探针是一种探测单个活细胞的高灵敏的纳米传感器。它可以用在探测很多细胞化学物质，监控活细胞的蛋白质和其他生物化学物质，探测基因表达和靶细胞的蛋白质生成，筛选微量药物，等等。

纳米生物探针是一种纳米大小的材料或物质。因为它不但可以显示自己“踪迹”，又能识别目标，因此，有关专家便认为它特别“聪明”。假如让它携带药物进入人体，它能够准确识别并能杀死肿瘤细胞。显然，它为癌症患者带来了福音。目前，纳米生物探针已经被运用到捕捉乳腺癌、子宫颈癌、肺癌等不同肿瘤细胞。

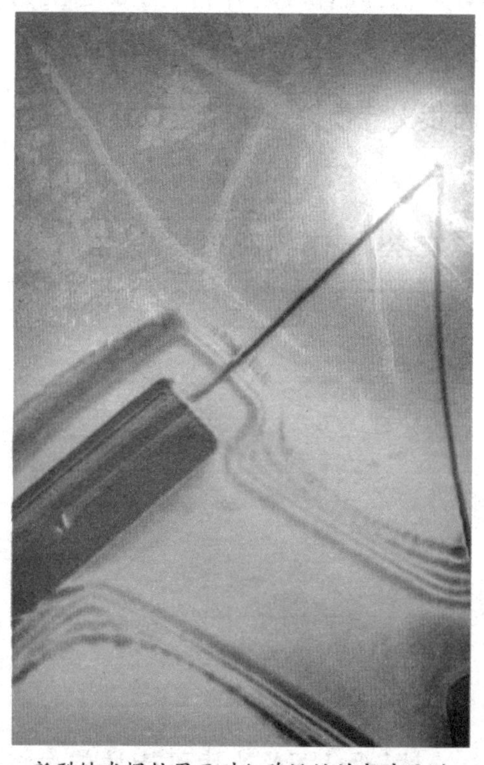

新型纳米探针用于对细胞活性的实时观测

DNA 芯片

DNA 芯片又叫做基因芯片。一般来说，它是采用原位合成或显微打印手段，将数以万计的DNA 探针固定在支持物表面上，产生二维DNA 探针阵列，然后与标记的样品进行杂交，通过检测交信号来实现对生物样品快速、并行、高效地检测或医学诊断。因为常用硅芯片作为固相支持物，且在制备过程运用过了计算机芯片的制备技术，所以称之为基因芯片技术。

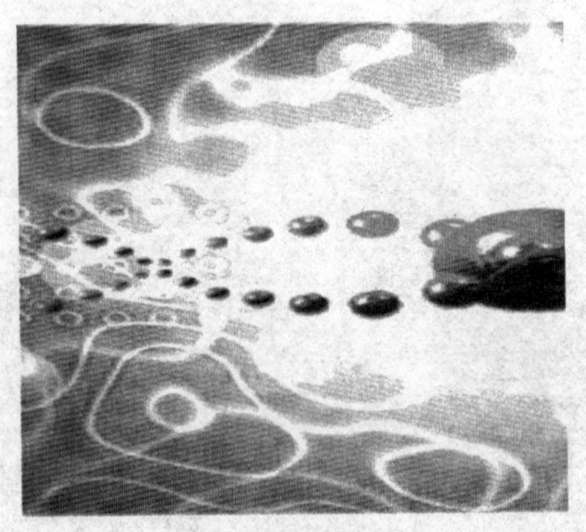

基因芯片病毒检测技术

据悉，DNA 芯片可能是首次将人类的全部基因集约化得固定在 1 平方厘米的芯片上，密度是 40 万个探针/芯片，每个探针之间的空间尺度是 10 ～ 20 微米。当与待测样品DNA 作用后，即可检测到大量相应的生命信息。

探索大脑

正因为有了纳米科技，我们才认识了人的大脑是由1000亿个通过神经纤维相连接的神经细胞组成，而整个神经纤维条加在一起长达100万千米，每个神经元又通过 1 万个突触点连接到其他细胞。

马克思—普朗克实验室曾经做过这样的实验——通过芯片和细胞的通信，探索大脑的内部神经中枢系统。他们用电场激活田野里蜗牛的神经，并用芯片作为神经传感器来测定其电压，以便了解大脑中的神经网络。其可谓开创了神经系统和脑组织生物学行为的新观察方法。

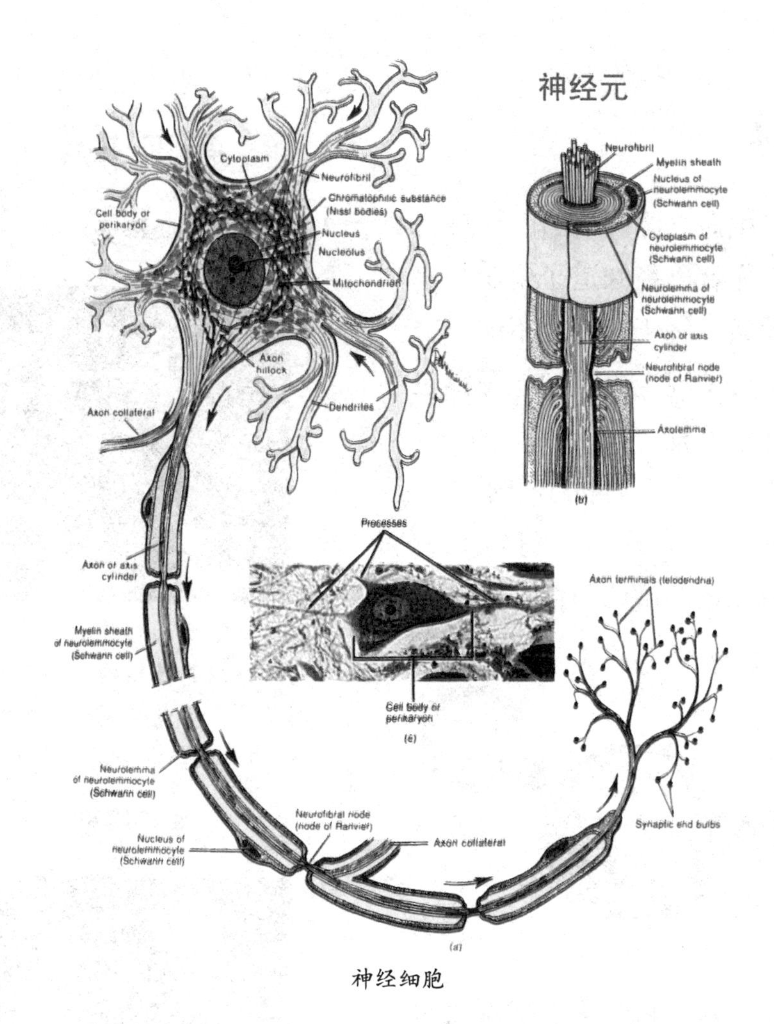

神经细胞

探索感知

为什么视觉神经细胞只需驱动10个光子就能在我们视网膜上产生持久的光影？为什么听觉细胞能够区分两组只有万分之一秒时间差的振动？为什么鼓膜中只有百分之一纳米大小的听蕾？为什么体重15克的小鸟，每年迁徙时飞行距离达10000千米，却在第二年时能凭着记忆回到曾经的栖息地。当然，这些不过是纳米世界无所不在的神奇，需要人们不断地研究，不断地探索。

生命之水

水是生命之源。早在几千年前，我们的祖先就已经知道了生命和水的密切关系。终于，经过不懈的努力，科学家发现生命得到起源链包括如下几个过程：

无机小分子→有机小分子→有机大分子→聚合成链状有机大分子→合成原始的微团→演化为原始的细胞。

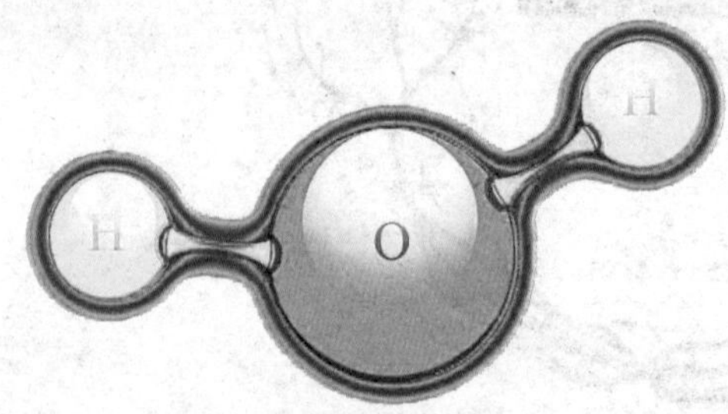

水分子结构图

显然，从无机世界变成有机世界是一个大的飞跃。只有有了有机物之后,才有可能合成氨基酸,最后才出现生命。事实上，生命的早期过程都发生在纳米的尺度上。而纳米尺度的水必为关键之一。因此，要想探索生命起源之谜，打开生命起源的大门，关键要进一步研究纳米尺度的水。

知识卡片

神经元

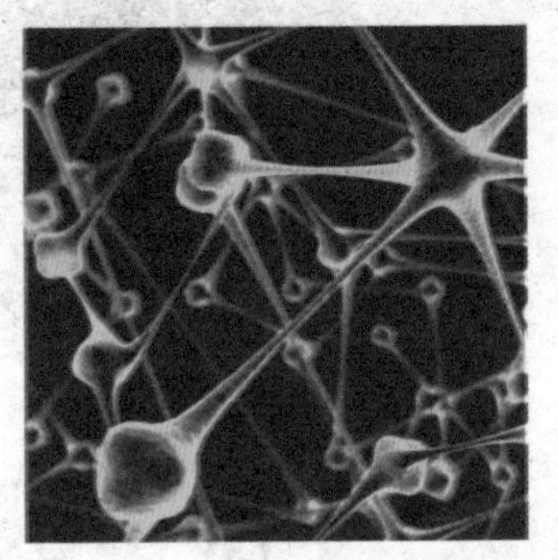

神经元又称神经细胞，是构成神经系统结构和功能的基本单位。其是具有长突起的细胞,由细胞体和细胞突起构成。

神经纤维

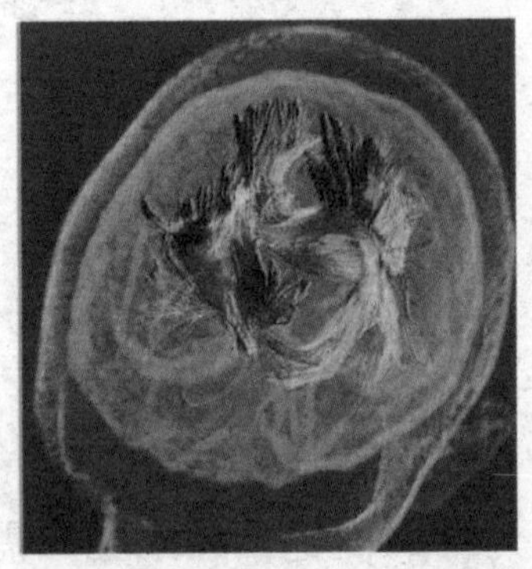

神经纤维由神经元的轴突或树突、髓鞘和神经膜组成,其是组成神经系统的基本结构和功能单位,也称神经细胞。

第4章 生命与纳米

五、生物电脑

曾经，人们为钱钟书先生超凡的记忆力惊叹。据说，有人从图书馆随便翻出什么古典文集来，他都能准确无误地复述其内容。20世纪的人，只能兴叹，称为天才。不过，生活在21世纪的人们就有可能与钱钟书在记忆力上一试高低。而这种可能性来自即将成为21世纪人类生活的新伙伴——生物电脑。

事实上，生物电脑就是利用生物分子代替硅，实现更大规模的高度集成。传统计算机的芯片是用半导体材料制成的，1毫米见方的硅片上最多不能超过25万个。而生物芯片上生物计算机的元件密度比人的神经密度还要高100万倍，传递信息的速度也自然比人脑的思维速度快100万倍。

生物电脑的分类

一般来说，生物电脑可以分为以下几种。

◆ DNA电脑

事实上，DNA电脑更为诱人。其原理为：DNA分子中的密码就相当是存储的数据，DNA分子之间可以在某种酶的作用下瞬间完成生物化学反应，从一种基因代码变成另一种基因代码。反应前的基因代码可作为输入数据，反应后的基因代码可以作为运算结果。如果控制得当，那么就可利用这种过程制成一种新型电脑，具有运算速度快、存储容量大、耗能极低的特点。

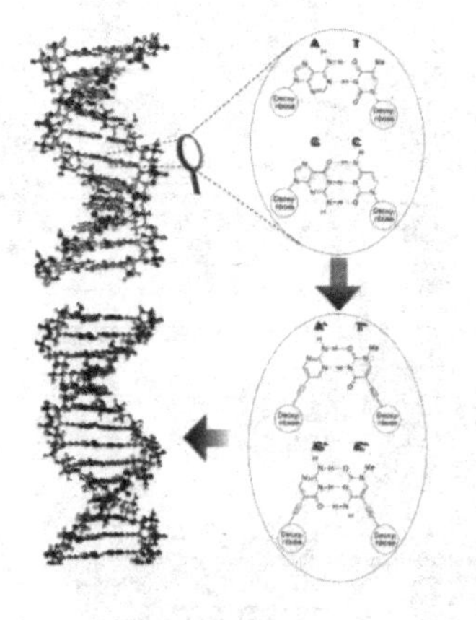

首个人造DNA

◆ 神经电脑

人脑有140亿神经元及10亿多神经节，每个神经元都与数千个神经元交叉相联，它的作用就相当是一台微型电脑。用许多微处理机模仿人脑的神经元结构，采用大量的并行分布式网络，就构成了神经电脑。它具有联想、记忆、视觉和声音识别能力。

生物电脑的特点

生物电脑的一个显著特点——存储量极大。单个的细菌细胞，大小只有1微米见方，与一个硅晶体管的尺寸差不多，但是却能成为容纳超过1兆字节的DNA存储器。生物芯片快捷而准确，可以直接接受人脑的指挥，成为人脑的外延或扩充部分，它以从人体细胞吸收营养的方式来补充能量。

生物电脑的另一个特点——集成电路的大小只就相当是硅片集成电路的10万分之一，而且运转速度较之更快，大大超过人脑的思维思路。

生物电脑的发展趋势

据悉，生物电脑的成熟应用还

集成电路

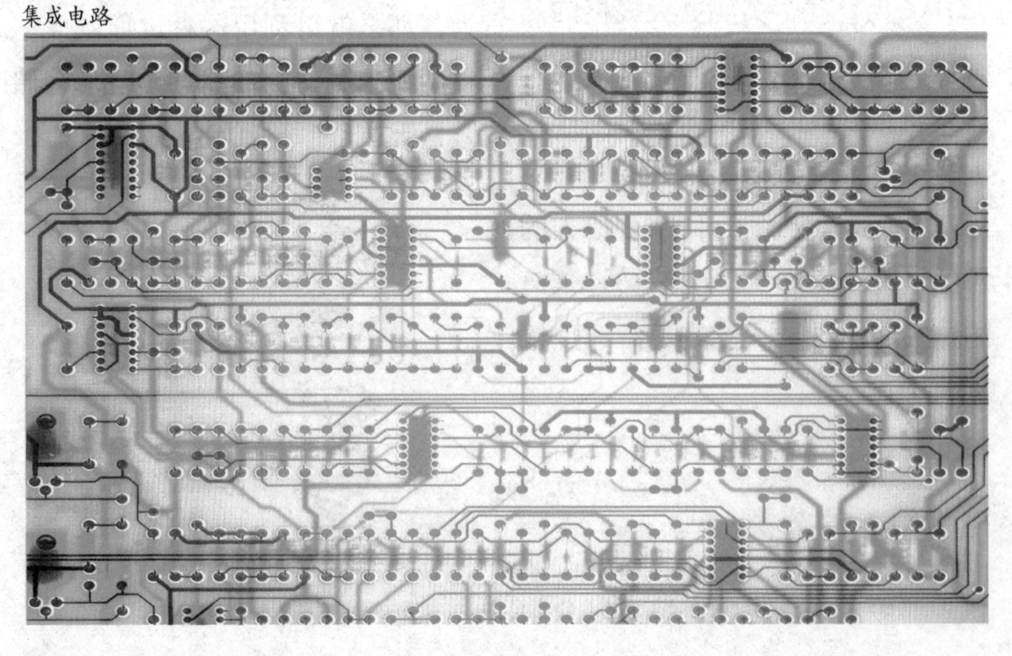

需要一段时间。不过，目前科学家已研制出生物电脑的主要部件——生物芯片。美国明尼苏达州立大学已经研制成世界上第一个“分子电路”，由“分子导线”组成的显微电路只有目前计算机电路的千分之一。

事实上，生物电脑最终会促使电脑与人脑的融合。目前最新一代实验计算机正在模拟人类的大脑。英国剑桥大学研究发现了“生物电路”，一些蛋白质的主要功能不是构成生物的某些结构，而是用在传输和处理信息。人们正努力寻找神经原与硅芯片之间的相似处，研制一种在神经网络基础上的计算机。尽管目前研制出来的最先进的神经网络拥有的智力还非常有限，但大多数科学家认为，仿生计算机是未来发展之路。国外有科学家预言，到2020年，运算速度更快的生物将取代硅芯片。

一般来说，生物计算机能够如同人脑那样进行思维、推理，能认识文字、图形，能理解人的语言，因而可以成为人们生活中最好的伙伴，担任各种工作。如可应用在通讯设备、卫星导航、工业控制领域，发挥它重要的作用。

钱钟书先生

钱钟书

钱钟书先生原名仰先，字哲良抑或字默存，号槐聚，曾用笔名中书君，我国现代著名作家、文学研究家。他在文学、国故、比较文学、文化批评等领域的成就，推崇者甚至将其冠以“钱学”。他的小说《围城》曾被书评家夏志清先生称为“中国近代文学中最有趣、最用心经营的小说，可能是最伟大的一部”。

集成电路

集成电路是一种微型电子器件或部件。具有体积小、重量轻、引出线和焊接点少、寿命长、靠性高、性能好等优点，同时成本低，方便大规模生产。

第4章 生命与纳米

六、纳米级的生物工程产业

随着科学技术的发展，以微生物技术、酶技术、细胞技术、基因技术为主导的新型纳米农业生产体系即将形成，微生物工业产业将兴起。

近来，随着纳米材料在癌症治疗、细胞显影和疾病检测方面的应用，由此衍生出生物纳米技术——在纳米尺度上，认识生物分子的精细结构和功能之间的联系，并在此基础上按研究人员的意愿组合、装配，创造出满足人们意愿并行使特定功能的生物纳米机器。

QDs的生物标记、成像技术

最近，国外科学家Kim等研制出了一种多聚复合纳米颗粒(NPs)，可用在癌细胞的检测：

第一，以一种可降解生物多聚物(PLGA)作为基质，将化学治疗药物以纳米颗粒的形式纳入到聚合纳米颗粒基质当中。

第二，将CdSe/ZnS半导体量子点或超顺磁性的纳米晶体四氧化三铁嵌入该基质中。

第三，通过聚乙二醇基团将对癌细胞有靶向作用的叶酸连接到被修饰的PLGA上，构成一个完整的NPs。

荧光成像技术的应用

第四，在癌细胞上有过量表达的叶酸受体，连有叶酸的NPs通过抗原体结合反应侦察到癌细胞并进行光学成像，可以通过核磁共振和荧光成像来观察抗原体的结合进而对癌细胞进行监测。同时，通过四氧化三铁的磁导作用将阿霉素运输到癌细胞附近，以便杀死癌细胞。

复合无机纳米材料的应用

目前，美国科学家正在研制一种“黄金纳米条”。它是一种能够在血液中流动的纳米条，能够帮助医生发现机体的癌变器官。

科学家曾做过这样一种实验：他们将黄金纳米条注射到老鼠的体内，然后用比可见光波稍长的激光束照射老鼠的耳朵。当纳米条在老鼠血管中移动时，金色微粒就会发出比常规成像设备中使用的荧光染料亮度近60倍的荧光，跟踪这些闪光棒路径的新型成像系统就能生成比目前成像设备更清晰的图片，而“黄金纳米条”可能会在刚显现出的癌症和肿瘤等“麻烦”区域活动。

纳米管的应用

一般来说，纳米管有以下几方面的应用。

◆ 肽纳米管

阳离子二肽在中性条件下可以自行组装成纳米管，而通过改变自组装体系的浓度，纳米管能进一步转化为囊泡，利用此转变过程可将寡核苷酸通过细胞的吞噬作用携入细胞内，从而实现外缘物质的胞内运输。

◆ 仿生多通道微纳米管

在大自然中，有很多植物或是动物都有着天然的多通道管状结构，以维持自己固有的生存方式。譬如许多植物的茎都是中空的多通道微米管，所以其在保证有足够强度的前提下，可以有效地节约原料及输运水和养分；鸟类的羽毛也具有多通道管状结构，因此其可以最大限度地减轻重量以及保温；许多极地动物能够在严寒的环境中生存下来，也是因为其皮毛具有多通道或多空腔的微纳米管状结构赋予其卓越的隔热性能。

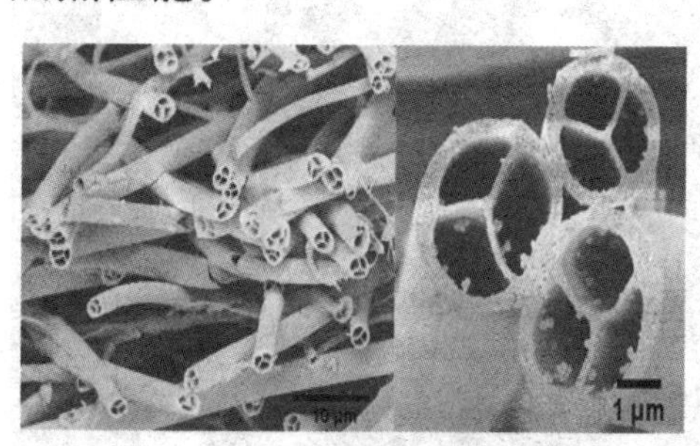

仿生多通道纳米管

脱氧核糖核酸 DNA

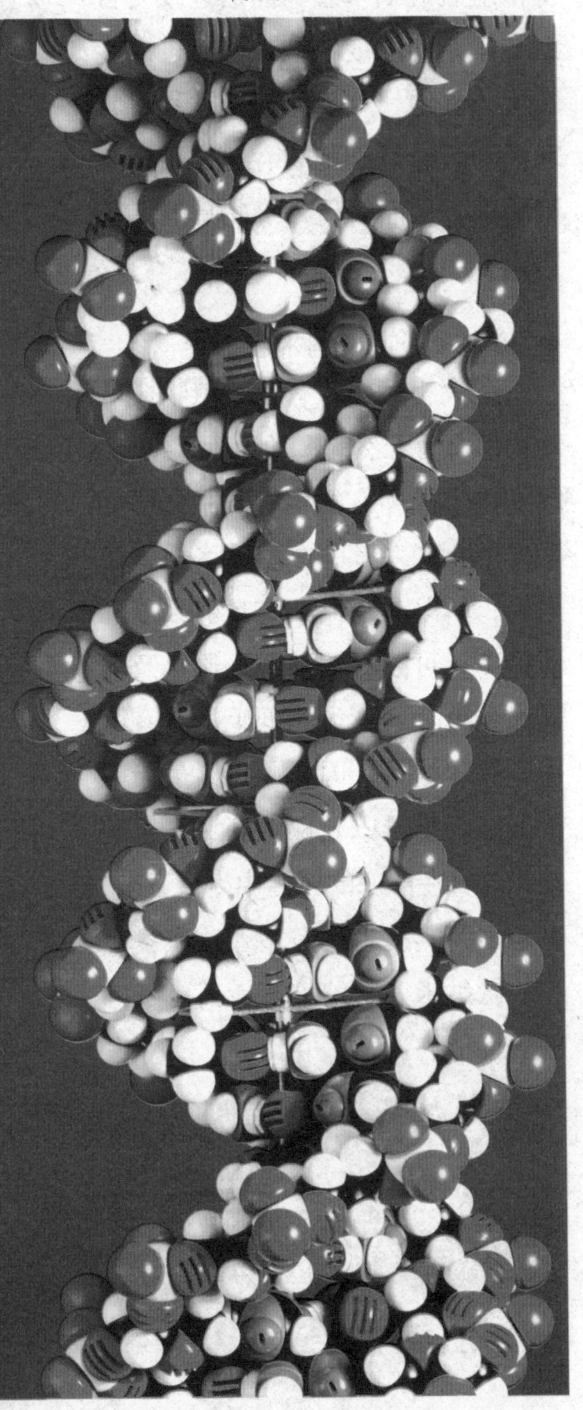

我国科学家借鉴动植物具备的这种多通道管状结构，成功地将siRNA通过可切断的二硫化键连在脂质分子上，再将其覆盖在碳纳米管表面的siRNA运送载体经纳米管运送到T淋巴细胞核单核细胞中。而所使用的siRNA可使对HIV侵染起关键作用的细胞表面受体CD4、CDR4的表达沉默。

◆ **探测显色和杀菌纳米管**

若将氯仿加在混乱排列的Lee等研制的一种具有探测显色和杀菌功能的纳米管垫时，纳米管的上端表面就会融在一起，形成一种衬垫的结构。当慢慢除去氯仿时，其便会自发组织形成一种“纳米地毯”。若将纳米管经干燥、紫外线处理，就会发生多聚反应从而变得坚固，其颜色也会从白色变为深蓝色。当进一步加入清洁剂或者酸时，这些纳米管又会变成红色或黄色。而当遇到大肠杆菌时，纳米管又会变为粉红色。当这些纳米管浓度大于1微克/毫升时，会在一小时之内杀死所有细菌。

寡核苷酸

寡核苷酸是一类只有20个以下碱基的短链核苷酸的总称(包括脱氧核糖核酸DNA或核糖核酸RNA内的核苷酸),它可以很容易地和它们的互补对链接,所以常用来作为探针确定DNA或RNA的结构,经常用在基因芯片、电泳、荧光原位杂交等过程中。

靶向(靶向疗法)

对特定目标(分子、细胞、个体等)采取的行动。如外源基因在宿主细胞基因组DNA预期位置上的定向插入;药物分子对效应靶组织或细胞的定向传送或作用。

SiRNA

SiRNA是一种小RNA分子,由Dicer(RNAase Ⅲ家族中对双链RNA具有特异性的酶)加工而成。

靶向

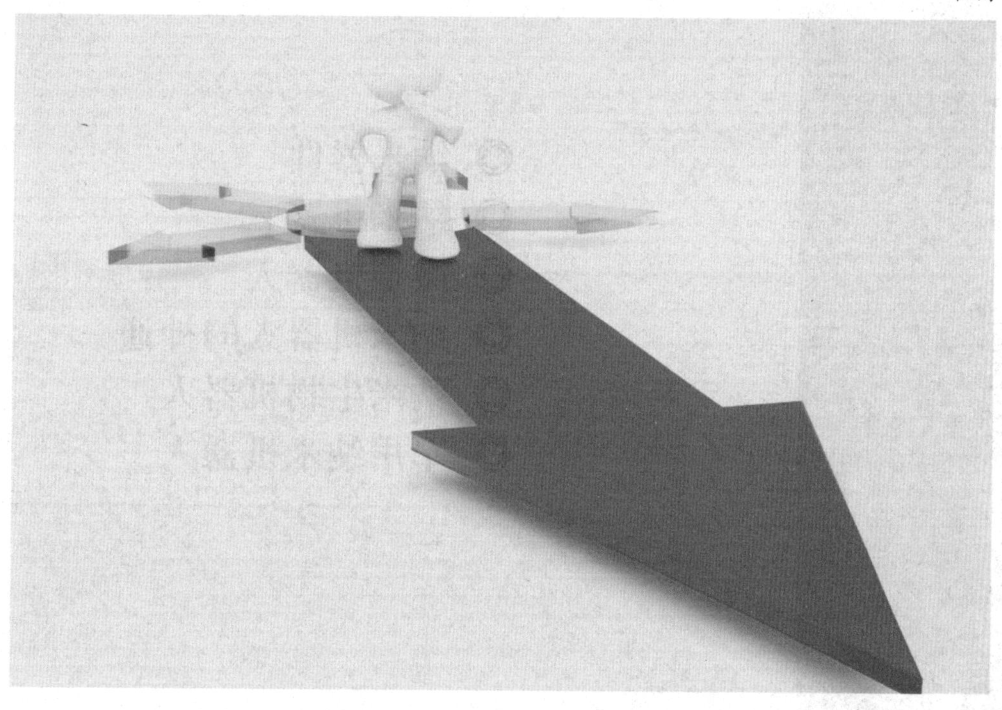

第5章

纳米机器人

◎ 纳米器件
◎ 纳米机器
◎ 微型机器人
◎ 纳米机器人的神通
◎ 纳米生物机器人
◎ 军用纳米机器人

一、纳米器件

随着纳米技术日新月异的发展，形形色色的纳米器件已经相继问世。那么，到底什么是纳米器件呢？

何为纳米器件

纳米器件在学术文献中的解释是器件和特征尺寸进入纳米范围后的电器期间，也称为纳米器件。

纳米器件的研究目标

◆ 材料和制备

更轻、更强和可设计；长寿命和低维修费；以新源里和新结构在纳米层次上的构筑特定性质的材料或自然界不存在的材料；生物材料和仿生材料；材料破坏过程中纳米级损伤的诊断和修复。

◆ 微电子和计算机技术

10倍宽带的高频网络系统；兆兆比特的存储器(提高1000倍)；集成纳米传感器系统。

◆ 医学与健康

快速、高效的基因团测序和基因诊断，以及基因治疗技术；用药的新方法和药物“导弹”技术；耐用的人体友好的人工组织和器官；复明和复聪器件；疾病早期诊断的纳米传感器系统。

◆ 航天和航空

低能耗、抗辐照、高性能计算机；微型航天器用纳米测试、控制和电子设备；抗热障、耐磨损的纳米结构涂层材料。

◆ 环境和能源

发展绿色能源和环境处理技术，减少污染和恢复被破坏的环境。

◆ 生物技术和农业

在纳米尺度上，按照预定的大小、对称性和排列来制备具有生物活性的蛋白质、核糖、核酸等；在纳米材料和器件中植入生物材料产生具有生物功能和其他功能的综合性能；生物仿生化学药品和生物可降解材料，动植物基因改善和治疗，测定 DNA 的基因芯片等等。

浅谈几种纳米器件

◆ 纳米电缆

曾经，究竟用什么来连接超高密度集成电路的元件成为世界一大难题。后来，我国科学家成功制出了直径只有头发丝 1/5000 的纳米级同轴电缆，为解决这个棘手问题提供了有效的途径。

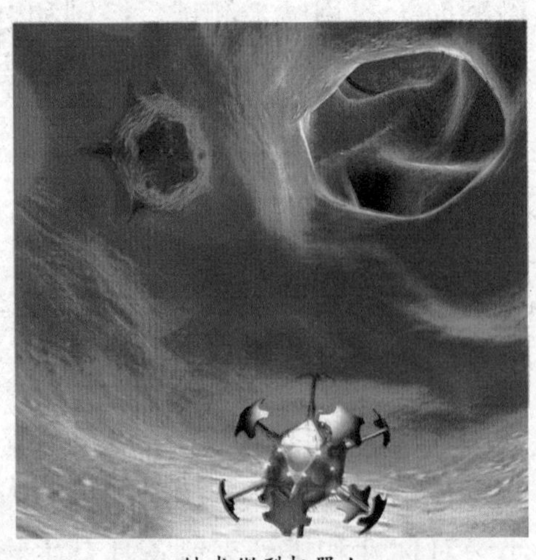

纳米微型机器人

同轴纳米电缆的内芯是仅仅为 10 纳米左右的碳化钽，外层包有二氧化硅绝缘体。另外，该种纳米电缆还可以作为微型工具和微型机器人的部件。

◆ 纳米镊子

美国哈佛大学科学家曾经研制出一种新型的纳米工具，它能够成功地夹住一个直径仅有 500 纳米的聚苯乙烯原子团，因此，被人们称为“纳米镊子”。该种镊子可以用来拨弄生物细胞，研制纳米机械，进行纳米级的显微镜外科手术，等等。

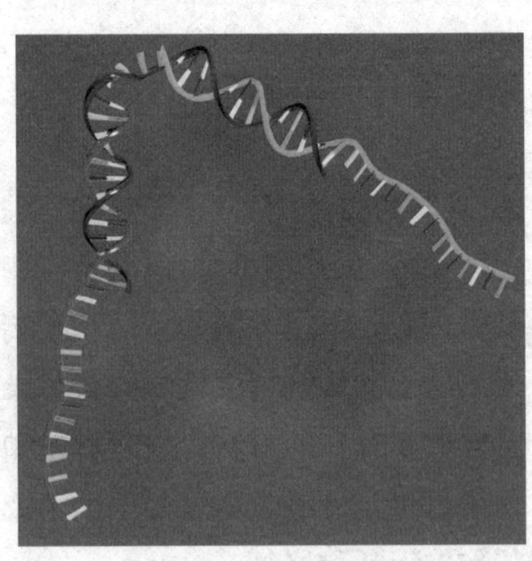

匪夷所思的 DNA 镊子

事实上，纳米镊子是用电来操作的。它实际上不过是一对电极，在电极的前端是纳米级粗细的碳管。当使用它时，在两根电极上加一个电压，使一根纳米管臂带正电，另一根带负电。通过改变所加电压的大小来增加或减少镊子之间的吸力，以便完成挟持原子或原子团的任务。

◆ 分子剪刀

日本科学家制造出了目前世界上最小的剪刀，其只有3纳米长，仅有紫光波长的1%，一开一合都由光来控制。

分子剪刀可以像钳子一样牢牢夹住分子，并进行操作。如前后拉动或转动，可用在帮助操纵身体内的基因、蛋白质和分子，等等。

◆ 纳米器件的展望

随着科学技术的发展，相信，在不久的将来，诸如复合动力车、纳米电池、数字记忆、零能耗住房、个人气象站都可以成为现实。到那时，将是怎样的一个世界啊！相信，一定会更加的美丽与多彩！

《西游记》

《西游记》，又名《西游释厄传》，是我国古典四大名著之一，由明代小说家吴承恩编撰而成。本书描写的是孙悟空、猪八戒、沙和尚保护唐僧西天取经，在途中历经九九八十一难的传奇历险故事。

中国四大古典名著

我国四大古典名著是《三国演义》、《水浒传》、《西游记》、《红楼梦》。

第5章 纳米机器人

二、纳米机器

或许，在我们的概念中，只有体积庞大、威风凛凛者才可称得上为机器。事实不是这样。纳米机器却极小，它可以在人们不经意间启动，但威力却非常大。因此，纳米机器的问世必然会掀起新的革命高潮。

纳米直升机

美国康纳尔大学的科学家曾经研制出了一种可以进入人体细胞的纳米机器设备——“纳米直升机”。它由金属与生物组件组成，大小与病毒粒子差不多，可以在人体细胞内完成各项医疗任务。

大家是不是感到很神奇？其实，真正令人称奇的是该种设备的原动力来自人体自身的一种化学物质ATP。当以ATP作为燃料时，它可以连续转动2.5小时。纳米直升机共包括三个组件——金属推进器、推进器轴和两个附在推进器轴上的生物组件。这三个组件在组装时非常简单便捷，其中生物组件可以将人体的生物“燃料”ATP转化为机械能量。

纳米汽车

目前，美国赖斯大学的科学家利用纳米技术制造出了世界上最小的汽车。它和真正的汽车一样，同样拥有能够转动的轮子。只不过它们的体积实在是小得惊人，即便有20000 辆纳米汽车并排行驶在一根头发上也不会发生交通拥堵。

纳米汽车

纳米发动机

目前,美国物理学家阿利克斯·泽尔德领导的小组已经研制出世界上首台纳米发动机。

该台发动机的长度仅有200纳米，由固定在多层纳米碳管基座上的一大一小两滴液态铟构成，直径分别为90纳米和30纳米,而其工作原理便是依据液体的张力特性，具体来说,即是在外加电场的作用下,大液滴向小滴沿基座传送原子,小液滴变大而大滴变小,直到两滴相触完成收缩。而当两个液滴接触后,便在表面张力的作用下,大滴迅速吞噬小滴,完成舒张过程。事实上,在这个过程中,因为能量的转变才会产生动力。而在外加电场的作用下这个装置可以持续工作。这一装置产生的能量虽然只有20微瓦,但是这和它的个头比起来已经相当高效。

纳米光刻机

美国西北大学的科学家曾研制出纳米光刻机。其刻笔笔尖可以“浸入”有机分子池中，刻画出15纳米宽的图形，从而产生出比传统的光刻法小几个数量级的微电路。

纳米火车

曾经，科学家制造了世界上最小的火车——纳米火车。它以神经细胞中的微管片断为车厢，以牛脑中的驱动蛋白为牵引机车。

纳米激光器

20世纪90年代,德国首先研制成功量子点阵列激光器。随后，美国、日本、加拿大等国也相继制成。这种激光器,不需要平板印数,不需要通过蚀刻，代替了价值昂贵的分子束外延生长技术，从而大大降低了激光器的成本。

目前,纳米阵列激光器是21世纪超微型激光器的重要发展方向。

纳米发电机

曾经，美国佐治亚理工学院王

中林教授等成功地在纳米尺度范围内将机械能转化成电能，研制出世界上最小的发电机——纳米发电机。相信，纳米发电机在生物、医学、军事、无线通信和无线传感等等方面都将会有比较广泛的应用。

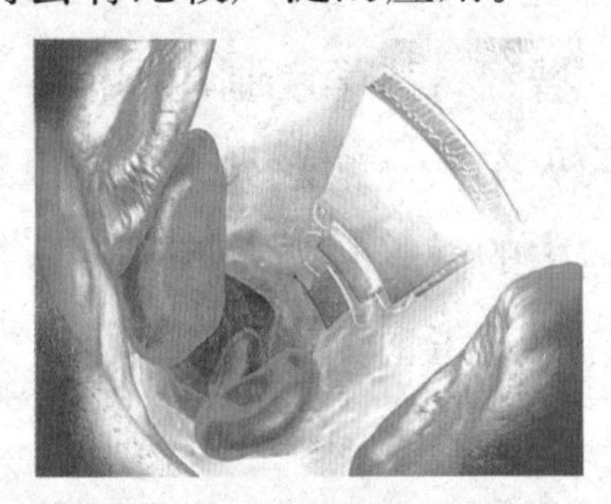

纳米发电机在医学方面的应用

量子计算机

量子计算机是一类遵循量子力学规律进行高速数学和逻辑运算、存储及处理量子信息的物理装置。目前，美国许多科学家联合研制出了世界上最先进的量子计算机。

据悉，该计算机仅仅使用了5个原子作为处理器和内存，并首次证明这类装置的运算速度明显比常规电子计算机快。

量子计算机

ATP

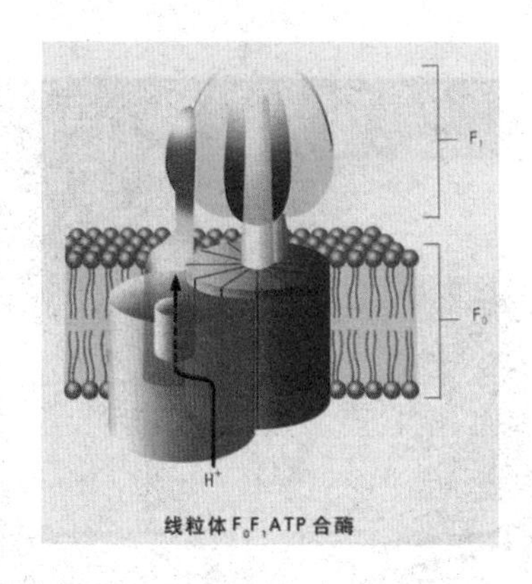

线粒体 F_0F_1ATP 合酶

腺嘌呤核苷三磷酸是一种不稳定的高能化合物，由 1 分子腺嘌呤，1 分子核糖和 3 分子磷酸组成，简称 ATP。在动物界，其是由线粒体的呼吸而产生；在植物界，其是由叶绿体的光合作用和呼吸作用产生。

液体的张力特性

液体的张力特性为：物体的体积越小其表面张力的作用反而越明显，因此在微米尺度以下表面张力占统治地位。

纳米机器人

三、微型机器人

微型机器人

一个比小米粒还小的机器人只能称之为微型机器人，虽然它也能够在体内漫游，但它还不能充当“纳米机器人”的角色。

曾经，一组微型机器人专家报告说，他们发明了一种可以旋转的微型机器人。该种机器人就像是一个细小的螺杆，可以在人们的血管里游动，将药物带到受感染的组织中，甚至还可以钻入肿块中杀死细菌。

日本的一位科学家曾经设计了一种可以在血管中自由游动的微型机器人。它的长度为 8 毫米，直径不到 1 毫米。磁铁用钕-铁-硼合金做成。因为它的尺寸非常小，所以完全能用普通的皮下注射针头将它注入血管中。当机器人进入血管后，我们便可以借助三维磁场系统和控制器让它向任何方向运动。在体内，它可以将药物运送到受感染的部位。如果为它配备一个金属探针，加热后的探针甚至能够破坏癌细胞。

日本名古屋大学曾经研制成一种微型管道机器人，可用在细小管道的检测，在生物医学领域的小空间内做微小工作。

中国科学技术大学曾经研制出一种在压电陶瓷驱动基础上的多节蛇形游动腹腔手术微型机器人。这个机器人将CCD摄像系统、手术器械及智能控制系统分别安装在自己“微小身体”的端部，通过开在患者腹部的小口，伸入腹腔内进行手术。

浙江大学也曾研制出无损伤医用微型机器人的原理样机。该微型机器人以悬浮方式进入人体内腔，可避免人体内腔的有机组织造成损伤。

尽管微型机器人已经很微小，并且有如此之多的作用，但是很多科学家依然认为它们的长度未免显得太长。假如当某处血管的拐角比较大时，它们就很难通过。而且一旦它们被卡在血管中的某个地方，那么，对人体来说简直是个大灾难。因此，在目前的手术中，微型机器人还无法取代导尿管等的一些传统医疗器具。

知识卡片

世界上最轻微型飞行机器人

2006年，精工爱普生公司制造出了世界上最轻微型飞行机器人“精密模型-II”。该部微型飞行机器人不但能进行无线遥控，而且还可以独立飞行。

另外，该机器人还具有号称世界上最轻、最小的陀螺仪感测器，重量仅为8.6克(不含电池)，直径约为136厘米，高85厘米。其影像感测器能够捕捉并传输空照影像到地面的显示器上，两颗发光二级管灯泡可受控制发送信号。目前，该机器人的续航时间约为3分钟。

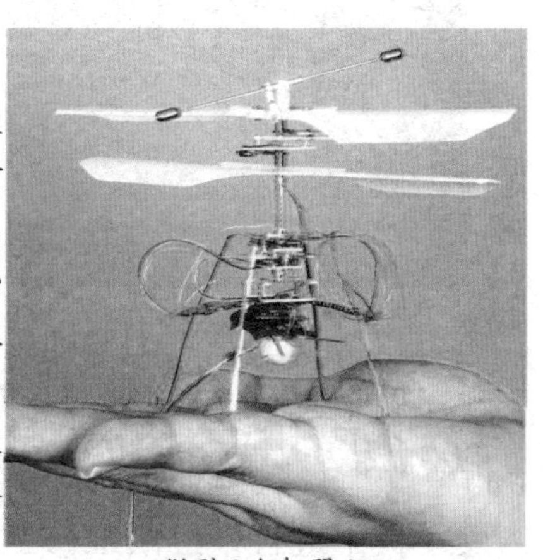

微型飞行机器人

第5章 纳米机器人

四、纳米机器人的神通

人类是智慧和伟大的。面对变幻莫测的大自然，面对穷凶极恶的敌人，他们也曾尝试着研制出各种各样的机器人，希望帮助自己战胜困难、创造美好生活。当然，他们也取得了不菲的成果。不过，这形形色色的机器人中，最显神通的就是纳米机器人，它们可谓遍及各个领域：工业、农业、家庭生活、航空航天、军事等，都留有它们虽微小但庞大的功绩。

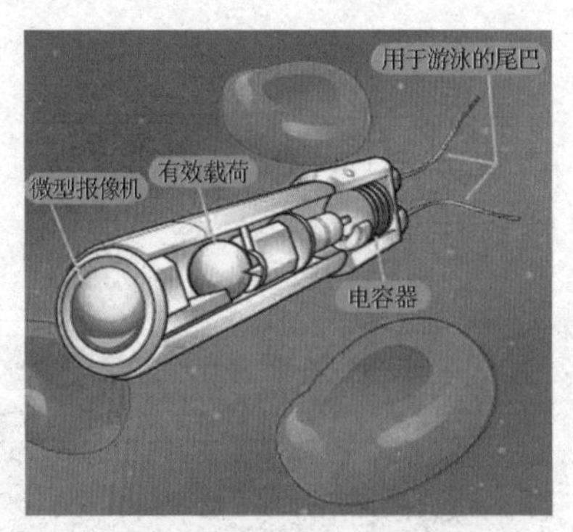

纳米机器人构造示意图

在工业上，纳米机器人可以按照设置程序，成群结队地钻进飞机的发动机中进行精细的维修工作，或钻进核反应堆内清洗管道、修补裂缝，甚至可以长期驻守其中进行定期检查维修。在船舶底部，可以利用纳米机器人清除黏附在上面的苔藓和贝类。

在农业上，人们完全可以利用纳米机器人捕捉害虫，以期农作物能有个大丰收。另外，它们还可以在田野上空监控农作物生长，每每当农作物需要灌溉时，它们便会降落在阀门上，然后开启阀门，进行灌溉。

在家庭生活方面，纳米机器人可以扮演“好管家”的角色，以防止“不速之客”的恶意入侵或火灾的发生。另外，它们还可以清洗房间角落的尘埃，消灭蛀虫，等等。

在航空航天方面，纳米机器人可以到外星球去采集标本，为行星起到导向作用；检查航天飞机的各种机件是否运转正常，并为机罩除尘；定期检查修理空间的望远镜，等等。

在军事方面，纳米机器人可以

代替士兵和警犬进行巡逻，甚至可以飞到敌军内部，用各种传感器收集情报，成为“小小间谍”。

目前，已经问世的第一代纳米机器人是生物系统和机械系统的有机结合体，即所谓的纳米生物机器人；第二代纳米机器人是直接从原子或分子装配成具有特定功能的纳米尺度的分子装置；而尚在研究阶段的第三代纳米机器人将包含纳米计算机，是一种可以进行人机对话的装置。其一旦问世，将会彻底改变人类的劳作与生活方式，为人们带来更好的福音。

因此，有未来科学家认为，到了21世纪下半叶，将人同计算机绝对而清楚地区分开来将变得毫无意义。一方面，人类将拥有经过纳米机器

行星

人技术大大扩展了的生物大脑；另一方面，人们将拥有纯粹的非生物大脑，后者是功能大大增强了的人类大脑的复制品。毫无疑问，有了经过功能改善的大脑，我们将创造出无数与纳米机器人技术融合的更新的技术。届时，人类将进入一个新天地，成为地道的“新人类”。

核反应堆

核反应堆，又称为原子反应堆或反应堆，是装配了核燃料以实现大规模可控制裂变链式反应的装置。

行星

行星通常指自身不发光，环绕着恒星的天体。其公转方向常与所绕恒星的自转方向相同。一般来说行星需具有一定质量，行星的质量要足够的大且近似圆球状，自身不能像恒星那样发生核聚变反应。

核反应堆

第5章 纳米机器人

五、纳米生物机器人

纳米机器人可谓纳米生物学中最具有诱惑力的内容。

目前，美国科学家研制出一种名为“纳米蜘蛛”的纳米机器人。它们能够跟随 DNA 的运行轨迹自由地行走、移动、转动以及停止。

“纳米蜘蛛”的体长只有4纳米，要依靠高倍电子显微镜才能看见。正因为它们的小巧玲珑，才可以穿越人体的任何组织和器官，包括最细小的毛细血管和神经末梢，而不会导致这些细小管道的阻塞。因此，当它们在人体内的“大街小巷”自由穿梭时，便可以及时发现人体内出现的异常情况。

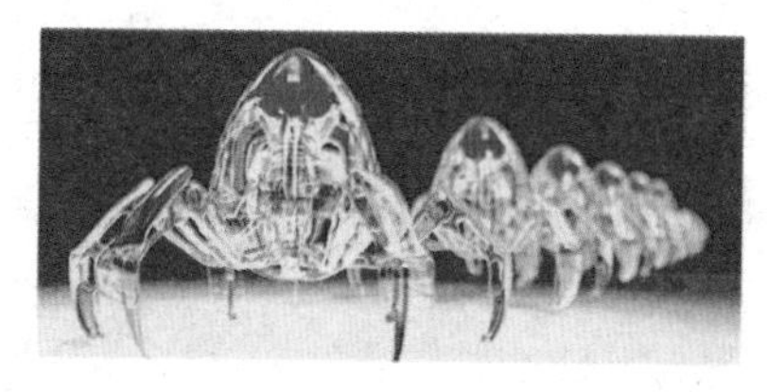

纳米蜘蛛机器人

一般来说，涉足纳米生物学的机器人大都是生物系统和机械系统的有机结合体，可以将其直接注入人体血管内工作。

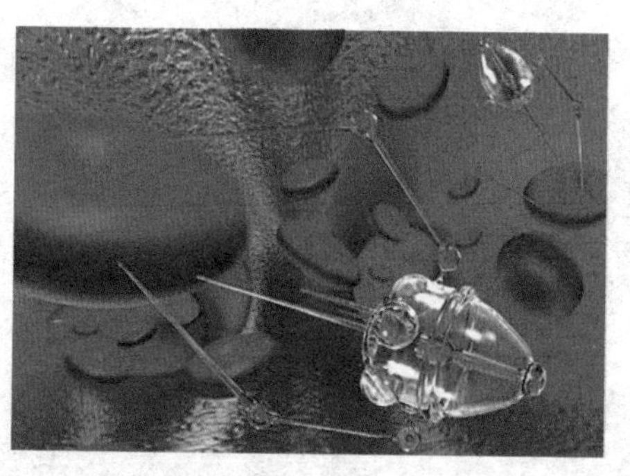

在清理血管中有害堆积物的纳米机器人

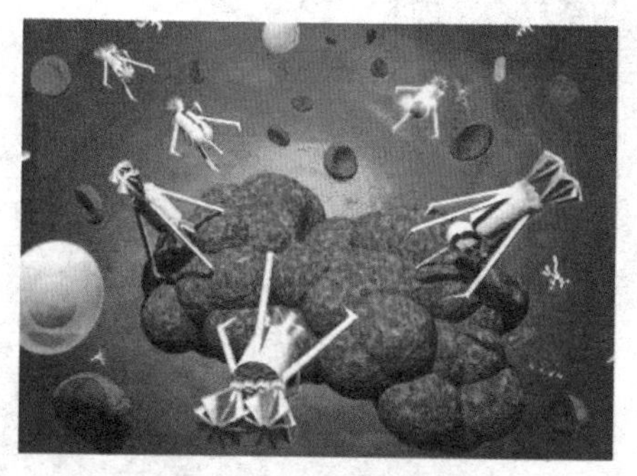

纳米机器人正在寻找入侵的病毒

在血管中，纳米生物机器人能够清理有害的堆积物。由于它们实在是微乎其微，能够在血管中自由游动，因此，诸如脑血栓、动脉硬化等病症，它们都可以非常容易地予以清理，而无须再进行危险的开颅、开胸手术。另外，还可以用来进行人体器官修复工作、作整容手术、从基因中除去有害的DNA，或把正常的DNA安装在基因中，使机体正常运行。

基因

基因（遗传因子）是遗传的物质基础，是DNA（脱氧核糖核酸）分子上具有遗传信息的特定核苷酸序列的总称，是具有遗传效应的DNA分子片段。基因通过复制把遗传信息传递给下一代，使后代出现与亲代相似的性状。人类大约有几万个基因，储存着生命孕育生长、凋亡过程的全部信息，通过复制、表达、修复，完成生命繁衍、细胞分裂和蛋白质合成等重要生理过程。

基因

第5章
纳米机器人

六、军用纳米机器人

进入21世纪,科技发展如火如荼，军事变革风起云涌。站在历史新起点上审视，到底什么科技能够像核武器一样，对未来军事产生革命性的影响？显然，这个重任非纳米机器人不可。因此，当纳米技术初露头角时，军事科学家便开始尽情畅想,研制出许多千奇百怪、出神入化的军用纳米机器人。若用更美的一点的名字来称呼它们,就干脆将其称之为“小精灵”吧。

蚊子导弹

“蚊子”导弹

蚊子“导弹”的形状,顾名思义,当然是如蚊子般。不过,可不要小觑小小的它们。因为它们能够直接受电波遥控,可以神不知鬼不觉地潜入目标内部,其威力足以炸毁敌方火炮、坦克、飞机、指挥部和炸药库。

“针尖”炸弹

“针尖”炸弹不像传统炸弹般会“轰”的一声爆炸。它们是一些分子大小的小液滴，仅有针尖的1/5000那么大，能够炸毁危害人类的各种微小“敌人”,其中甚至还包括含有致命生化武器炭疽的孢子。

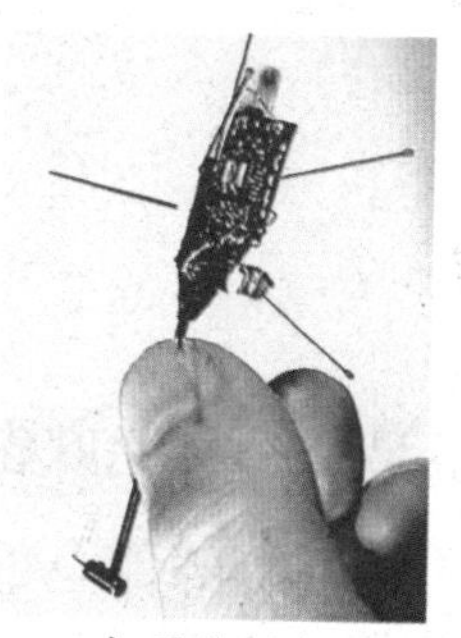

机器苍蝇

都可以进行连续监视。

“苍蝇”飞机

这是一种只有苍蝇般大小，可以携带各种探测设备，具有信息处理、导航和通讯能力的纳米级飞行器。通常情况下，它们可以被秘密部署到地方信息系统和武器系统的内部或附近，监视对方情况；能够从数百千米外，将获得的信息传回己方导弹的发射基地，引导导弹的攻击目标。而且无论它们悬停、低飞抑或高飞，敌方雷达都不会发现它们。

“麻雀”卫星

“麻雀”卫星是一种比麻雀略大的卫星，而且其所有部件全部都采用纳米材料制造，重量不足10千克。如果用一枚小型火箭发送它们，那么一次就可以发射数百颗。如果在太阳同步轨道上等间隔地布置648颗功能不同的“麻雀”卫星，就可以保证在任何时刻对地球上任何一点都可以进行连续监视。

“蚂蚁”士兵

“蚂蚁”士兵是一种比蚂蚁还小，却具有惊人破坏力的纳米型机器人。通常情况下，它们能够钻进敌方武器装备，长期潜伏下来，而一旦启用，便会各显神通：有的破坏敌方电子设备，有的用特种炸药引爆目标……

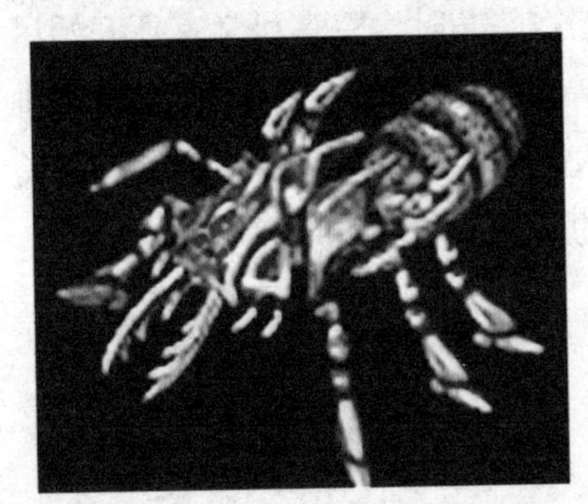

蚂蚁士兵

像种草一样布放“间谍”

“间谍”怎么能像种草一样遍布呢？事实上，其不过是利用纳米技术制造微探测器并组网使用，形成分布式战场传感器的网络。这种微探测器由战机、直升机或人员实施布放，就像在敌方军事区内种草一样简单，一经布放即可自动进入工作状态，能源源不断地送回情报。另外，把间谍草传感器网络与战场打击系统连成一体，就可以在战场透明化的基础上实施“点穴式”的精确打击。

蜂鸟侦察机

纳米昆虫武器之一

“血管潜艇”救死扶伤

只要有战争，就难免出现伤亡，而“血管潜艇”就可充当救死扶伤的关键角色。一般来说，它可以从注射针孔中钻进血管内执行任务，一旦发现人体哪部分出现“病变”或“异常”，就会立即发出报警信号，并按照医生的指令采取行动，直接将携带的治疗药物释放在伤员的病变部位上，或直接同人体内的病毒“殊死拼杀”。

可见，纳米武器有着传统武器所不及的诸多特点：它们高智能化、微型化；它们使原来必须用车辆甚至飞机装运的电子作战系统，转变为只需少数士兵即可携带；它们有着更好的隐蔽性、安全性；它们使武器装备控制系统信息获取速度大大加快，侦察、监视精度大大提高；它们虽然降低了武器装备的成本，但却大大提高了可靠性。

卫星

卫星是指在围绕一颗行星轨道并按闭合轨道做周期性运行的天然天体或人造天体。

卫星

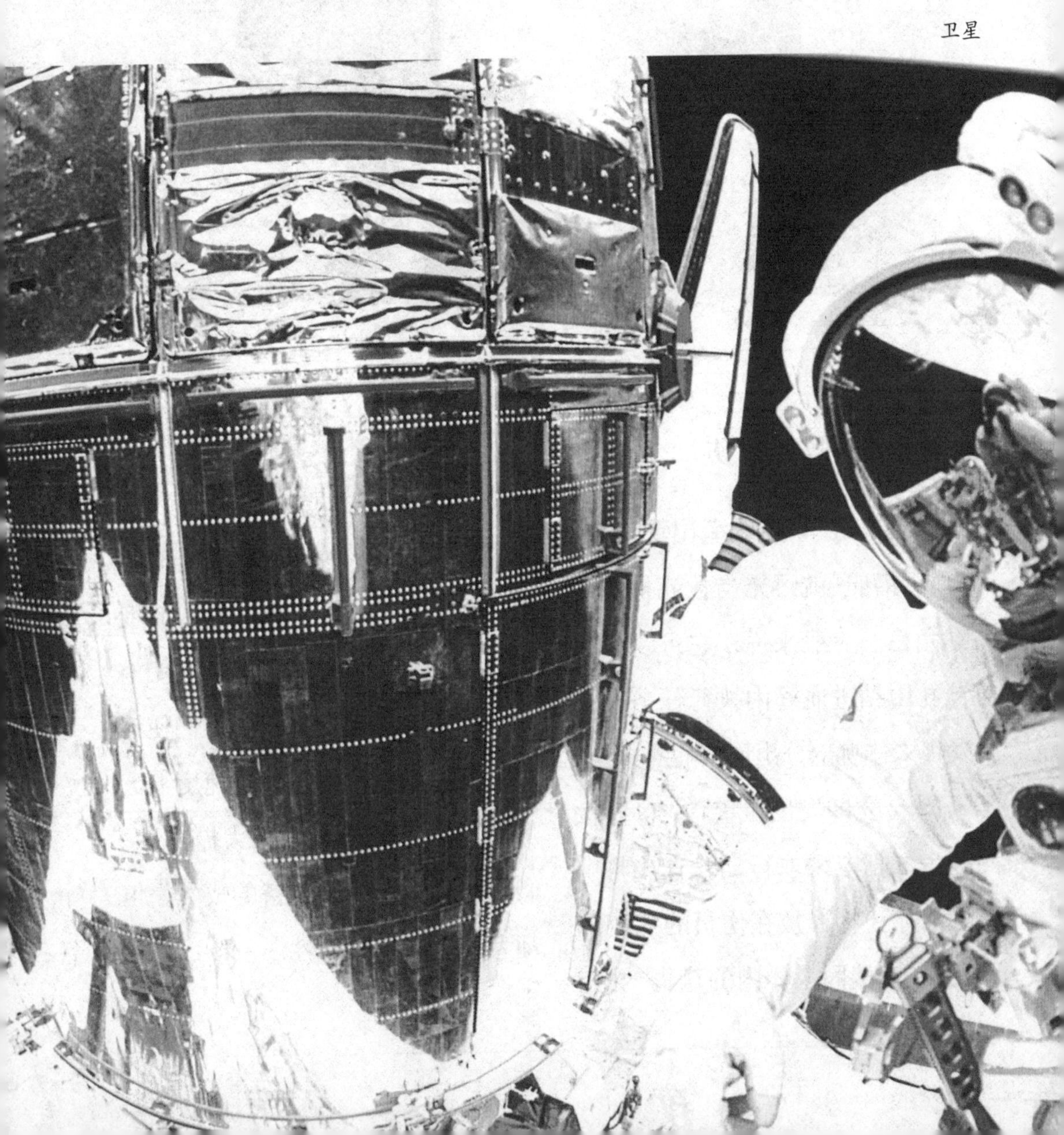

第6章

医学界新起之秀：纳米

- ◎ 纳米基因治疗法
- ◎ 纳米磁性材料在医学界的应用
- ◎ 利用纳米捕捉病毒
- ◎ 纳米耳
- ◎ 纳米药物
- ◎ 生物自疗
- ◎ 妙手回春之术：器官的完美修复
- ◎ 探索纳米技术在中药之中的作用

一、纳米基因治疗法

现代医学研究证明，人类疾病都直接或间接地与基因有关。当基因健康时，人体就健康；当基因受损或细胞变异时，人们便会身患疾病。如癌症是一种细胞疾病，该种细胞根本不听正确的命令，而是自行向自己发布成长的命令。事实上，DNA 发生变异便是诱发癌症的一个重要因素。如果能及时发现和修复这些受损的基因，就可以避免疾病的发生。

随着科学技术的飞速发展，我们深信，在不久的将来，基因将为医学发展提供广阔的前景。

(1) 到那时，基因技术会改变现有医院的就诊模式；科学家们会解开人体基因组的全部密码，许多人都会拥有记载着个人、生理和疾病奥秘的基因组图，届时医生会根据芯片上的遗传信息，做出评估并提供处理意见。

到那时，人们在体检时完全可以规避先前等结果要等很长时间的弊病。他们完全可由搭载基因芯片的诊断机器人为他们取血，而转瞬间体检结果便可以显示在计算机屏幕上。利用这些基因诊断结果，千篇一律的传统医疗时代将会一跃进入到依据个人遗传基因而异的“定制医疗”时代。

(2) 到那时，基因技术将使药物更具有个性。药理研究者可以按照病人的情况配制药物，让病人不会再出现药物不良反应，以便让药物治疗有更好的效果。另外，在基因治疗中还可以使用基因技术，将基因导入到进行分裂的干细胞中，不必依靠药，疾病便可以治愈。

(3) 到那时，对癌症、糖尿病等发病率高和死亡率高的疾病，从基因入手设计的治疗方案，会达到无毒副作用的医疗效果。另外，筛捡技术、基因改造和维护基因缺陷的进展，将会使医学界消除一些致命的遗传性疾病。

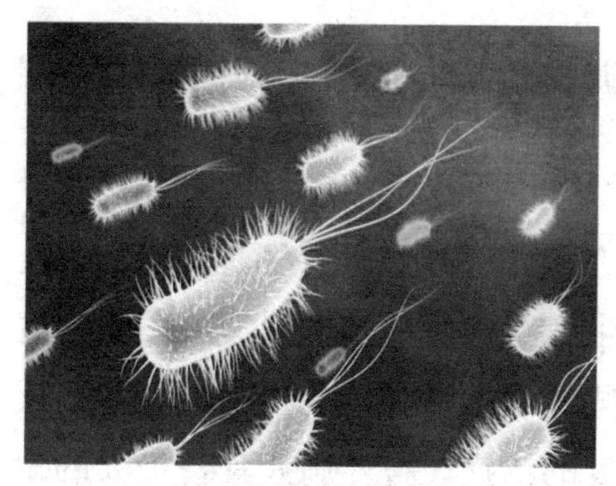

繁殖能力超强的癌细胞之一

目前，国际上已经有近400个基因治疗方案尚处在研究或临床实验阶段。不过，现今值得一提的就是纳米基因免疫疗法治疗尖锐湿疣和生殖器疱疹。它的主要工作原理是：对从病变组织提取出的病毒进行分型、减毒、灭活，制成自体免疫制剂，使机体自身产生抗体，并在纳米生物技术的作用下，将纳米微粒导入特制药物中形成“纳米导弹”，精准作用在病变组织，修复受损细胞，同时采用靶向磁能排毒技术深入破坏体内病毒基因生物链，阻断病毒复制之路，直接杀灭病毒并将其排出，最后利用免疫基因激活技术，激活自体免疫基因，同时唤醒机体免疫记忆，有效地避免了病毒的再感染。

一般来说，纳米基因免疫疗法治疗尖锐湿疣和生殖器疱疹具有以下四大突破。

顶尖技术打破传统治疗方法的局限性

虽然传统治疗尖锐湿疣、生殖器疱疹的方法众多，但都难以达到彻底治愈的目的。从药物、激光、冷冻、电灼、手术治疗的疾病研究之路来看，尖锐湿疣和生殖器疱疹的治疗方法一直在改进。传统的治疗方法只能暂时控制病情，很难彻底清除病毒，造成疾病出现反复发作的现象。而纳米基因免疫疗法直接作用在发病根源，从杀灭病毒、破坏病毒、复制生物链入手，对人体血液及病灶部位的病毒进行彻底的清除，深层治疗，以便达到标本兼治。

解决尖锐湿疣、生殖器疱疹反复发作的难题

尖锐湿疣和生殖器疱疹属于性

传播疾病,很多人都对其避而远之。无疑，这给病人带来了极大的健康危害和心理负担。然而，传统的治疗方法由于无法对发病根源——病毒感染进行彻底的清除而导致疾病容易复发。纳米基因免疫疗法采用纳米生物技术、靶向磁能排毒、免疫基因激活技术在修复病变细胞的同时,能彻底清除病毒,在人体中形成一张紧密的抗病毒血清免疫网，阻断病毒基因链重组，唤醒机体免疫记忆,从根本上解决尖锐湿疣、生殖器疱疹的复发难题。

摒弃传统方法治疗周期长的弊端

由于药物治疗见效慢,电灼、冷冻、激光等方法根治不易,尖锐湿疣、生殖器疱疹病情容易复发，因此这些传统治疗方法需要进行长期、反复的治疗，需要病人具备极大的耐心,且治疗效果往往不尽人意,而纳米基因免疫疗法在病毒的清除方面采用了国际上先进的靶向磁能排毒技术,直接切断病毒的基因链,快速而高效,大大缩短了治疗时间,是适应当代快速生活节奏的先进疗法。

经络核磁基因免疫疗法

干细胞

干细胞是一类具有自我复制能力的多潜能细胞,在一定条件下,它可以分化成多种功能细胞。

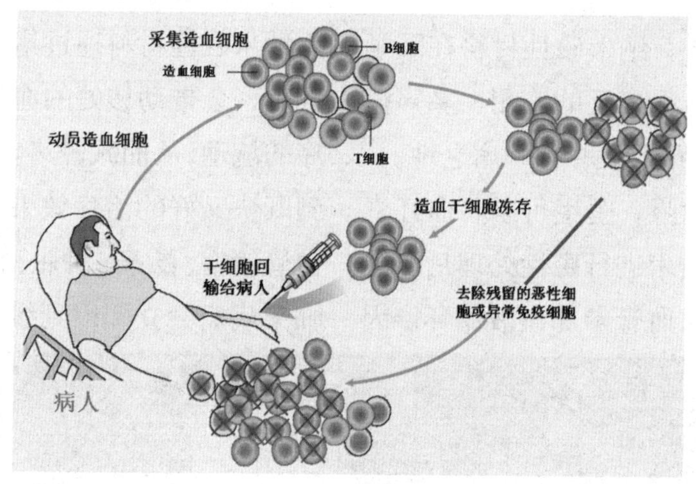

造血干细胞移植简单原理

免疫记忆

用同一抗原再次免疫时,可引起比初次更强的抗体产生,称之为再次免疫应答或免疫记忆,无论是在体液免疫或细胞免疫方面均可发生免疫记忆现象。

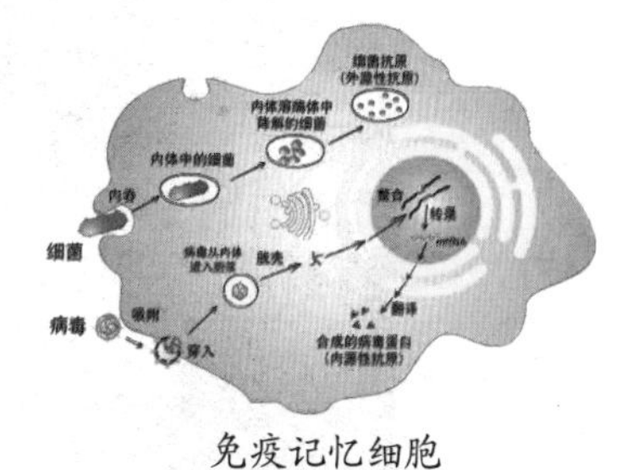

免疫记忆细胞

第6章 医学界新起之秀——纳米

二、纳米磁性材料在医学界的应用

事实上，纳米磁性材料在医学界已经具有很广泛的应用，名声振振，在医疗界已经占有一席之地。

在医疗界，医生可以将血红素通过纳米技术进行磁性处理后，注射进入病人血管参加血液循环。因为纳米磁性材料通过堵塞血管的局部时，会带动该处的血红素恢复有序的流动，从而减轻堵塞，因此能起到既快又好的治疗效果——病人的血管堵塞、酸痛、肿胀、活动受限等临床病痛会立即得到缓解。

纳米磁性材料之一纳米氧化锌

另外，纳米磁性材料还具有治疗癌症的功效。其治疗原理为：将纳米的金属性磁粉液体注射进入人体病变的部位，并用磁体固定在病灶的细胞附近，再用微波辐射金属加热法将温度升到一定的数值后，便能有效地杀死癌细胞。

德国柏林医疗中心曾经将粉碎的铁氧体纳米粒子，用葡萄糖分子包裹，在水中溶解后注入病人肿瘤部位。当癌细胞吞噬养分时，便会将葡萄糖分子拉往自己的身边，于是癌细胞和磁性纳米粒子便浓缩在一起，而肿瘤部位也完全被磁场封闭。此时，若启动体外交变感应器电流的开关，磁性纳米粒子在该电流的作用下便会发热，继而该部位的温度随即可升至47℃，从而慢慢地杀死癌细胞，不过，其周围的正常组织却丝毫不会受到影响。

血红素

血红素是一种有血红蛋白形成的血色素。其核心是亚铁离子，具有携氧能力，维持人体各器官正常工作。

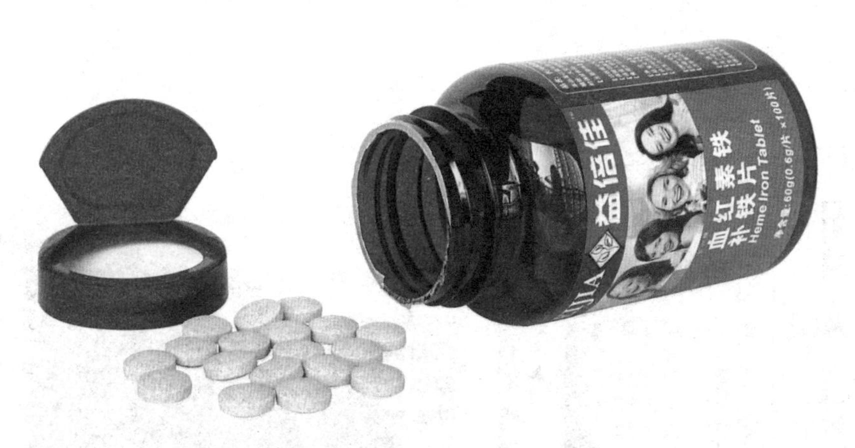

微波

微波是指频率为300MHz～300GHz的电磁波，是无线电波中一个有限频带的简称，即波长在1米（不含1米）到1纳米之间的电磁波，是分米波、厘米波、毫米波和亚毫米波的统称。

微波炉

三、利用纳米捕捉病毒

著名科学家约苏亚·来德伯格曾经说过："在统御地球的事业上，我们唯一的真正竞争者是病毒。"想想看，现在每年因呼吸道感染死亡的人数达400万，已排名首位，而又有280万人因艾滋病死亡……而这些又是多么令人心痛的数字啊！

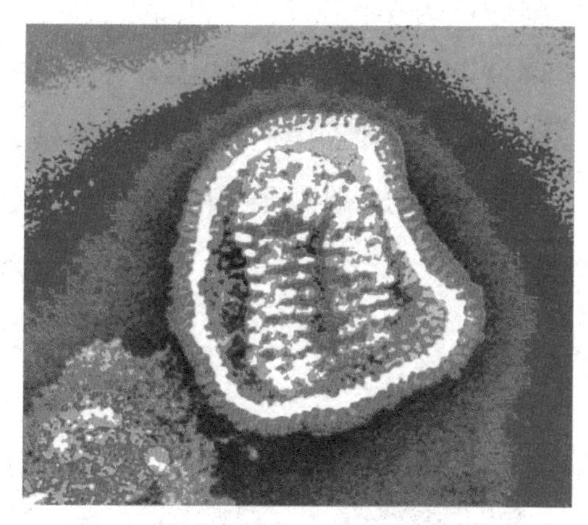
曾经大乱人心的H1N1病毒

艾滋病病毒

不过，人类是伟大的。在纳米科技时代，人类自会研制出对付它的办法——设置纳米陷阱，让病毒自投罗网，它们一旦进入便有去无回，只能坐以待毙。

"纳米陷阱"是一个细胞形的纳米级高分子颗粒，由外壳、内腔和核三部分组成。

密西根大学的 DonaldTomalia 等已经用树形聚合物发展了一种能够捕获病毒的"纳米陷阱"。而体外实验也表明该"纳米陷阱"能够在流感病毒感染细胞之前就能将它们一网打尽。

那么，"纳米陷阱"的工作原理是什么呢？

一般来说，人体细胞表面都装

备着含硅铝酸成分的“锁”，只准许持“钥匙”者进入。不幸的是，病毒竟然有硅铝酸受体“钥匙”。Tomalia 的方法是把能够与病毒结合的硅铝酸位点覆盖在“陷阱”细胞表面。当病毒结合到“陷阱”细胞表面时，就再也无法感染人体细胞了。事实上，同样的方法还可以期望用在捕获类似艾滋病病毒等更复杂的病毒。另外，因为陷阱的内腔可以充填药物分子，因此将来有可能在其内部装上化疗药物，将其直接送到肿瘤上，以期医治各种肿瘤。

人们习惯将细菌与病毒、疾病联系在一起。事实上，有90%以上的细菌是无害的，它们是人类的“好朋友”。

美国一个专门研究细菌的研究所发现一种特殊的细菌，它能“触发”癌症患者免疫系统的“引信”。一旦将这类细菌注入患有癌症的动物体内，其在肿瘤中心便会很快繁殖，从里至外地摧毁肿瘤直至令富氧

具有洁净,富氧,活化等特征

的细胞死亡。另外,细菌的传染会促进动物免疫系统的识别能力,使之能有积极、有效地攻击剩余的癌细胞。因此,它有望治愈肝癌、肺癌等,并可以免除患者化疗、放疗的痛苦。无疑,它为广大癌症患者带来了福音。

不过,除却癌症外,艾滋病更是一个“杀人于无形”的刽子手。一般来说,大部分感染艾滋病的病人都是通过肠道或是生殖部位接触到病毒而遭到“毒手”的。目前,美国研究人员已经成功地利用基因改造出一种肠道细菌,而由它分泌的蛋白质可以阻止艾滋病病毒感染细胞。

知识卡片

富氧

富氧是应用物理或化学方法将空气中的氧气进行收集,使收集后气体中的富氧含量大于或等于21%。

第6章 医学界新起之秀——纳米

四、纳米耳

一般来说，人们的耳朵只能辨别出宏观世界的声音，而对微观世界的一切声响完全置若罔闻。不是不想听，关键是无论怎么集中精神，无论处在多么安静的环境之中，也无法听到细菌在我们肚子里的喧嚣大战，细胞中的线粒体在“工作”时的“轰轰作响”，DNA片段在复制时撕裂的“尖锐声”……

或许，在从前，我们面对微观世界的奇妙声音还无所适从，但如今随着纳米时代的来临，智慧的人类已经研制出一种能“聆听”微观世界一切声响的耳朵——“纳米耳”。

那么，“纳米耳”究竟是如何制造的呢？

神经元

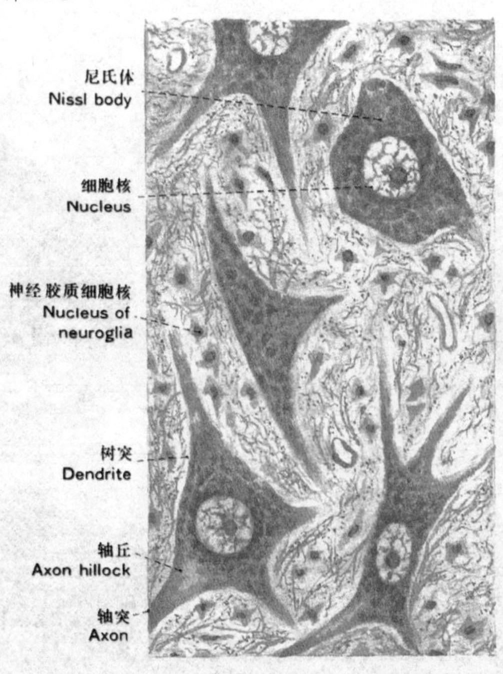

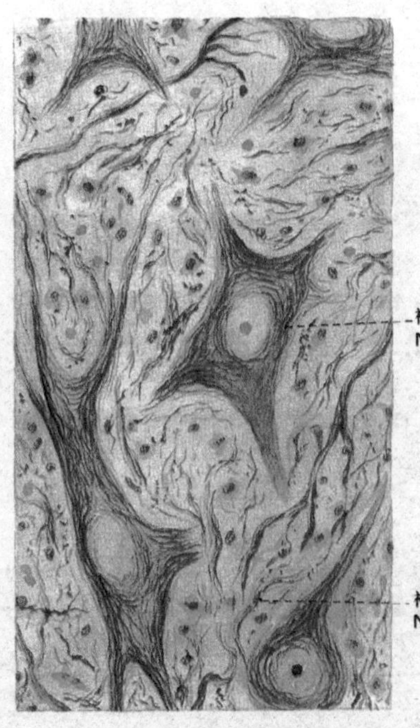

事实上,在人的耳朵里,由鼓膜采集的声音到达耳蜗之前要通过三根听小骨。而耳蜗是一个充满液体的器官,其里面是一排排毛发细胞,大概有 15000 个。同时,在其根部有一簇簇立体纤毛。当声波的振动使耳蜗里的液体波动时,这些立体纤毛便像风吹杨柳般那样摆动。而它们的摆动恰恰使相应的神经细胞产生易被我们大脑识别为声音的电信号。正是因为立体纤毛的敏感性,我们才有能力区分自然界中的形形色色的声音。

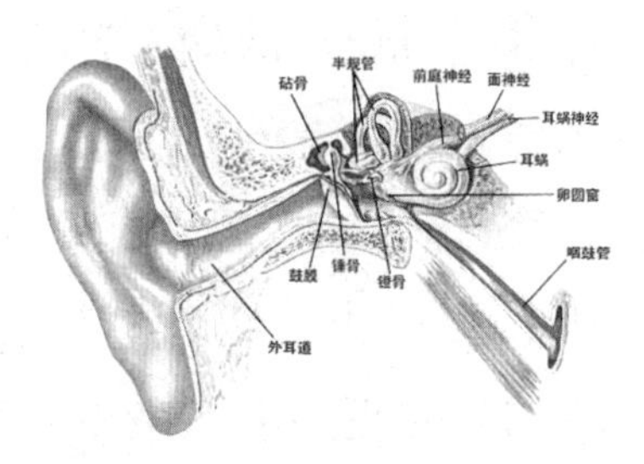

人类耳朵的构造

依据人耳的这种特殊构造,美国航空航天局喷气推进实验室的物理学家兼工程师诺卡获得了灵感——用碳纳米管来制作人体立体纤毛,但又因为碳纳米管很微小的制造量。后来,他在与加拿大多伦多大学教授许竟鸣的探讨中,采

取了许竟鸣“培育”碳纳米管的方法——类似农场植草的方法来“培育”碳纳米管，给它们设置了良好的“发芽”环境，然后让它们自由“生长”，希望能够得到更多的碳纳米管来制作纳米耳。终于，功夫不负有心人，碳纳米管“纳米耳”成功问世。

目前，德国慕尼黑大学光学与光电子学研究所的科研小组也研发出一种“纳米耳”。这种“纳米耳”的主要部分是一个直径约60纳米的黄金纳米球，它在激光束的作用下处在悬浮状态，在受到微小声波的作用时会沿声波方向产生纳米级的振动。纳米黄金球的这种运动可以通过暗视场显微镜观察到并进行摄像记录，由此便可以测定出微观世界极其微弱的声波。

那么，“纳米耳”又有什么作用呢？

或许，在不久的将来，“纳米耳”将成为医生就诊的必需品。为了实现这个目标，科学家们一直在做各种各样的实验，研究不同的碳纳米管和感光底片的性能，选择最优采集数据的方法，记录

德国—慕尼黑之旅二

“纳米耳”在水中、空气中和液体中的不同性能。

另外，“纳米耳”在其他领域中的应用也有可能同样惊人。如，剑桥大学的化学家克勒纳曼已在探索“侦听”化学反应声音的新奇途径，以期利用“纳米耳”能够分辨出化学物质、化学反应的种类。

知识卡片

神经细胞

神经细胞是指神经系统的细胞，主要包括神经元和神经胶质细胞。

神经元

神经元是一种高度特化的细胞，是神经系统的基本结构和功能单位之一，它具有感受刺激和传导兴奋的功能。

神经胶质细胞

神经系统中还有数量众多(高出神经元几十倍)的神经胶质细胞，如中枢神经系统中的星形胶质细胞、少突胶质细胞、小胶质细胞以及周围神经系统中的施万细胞等。

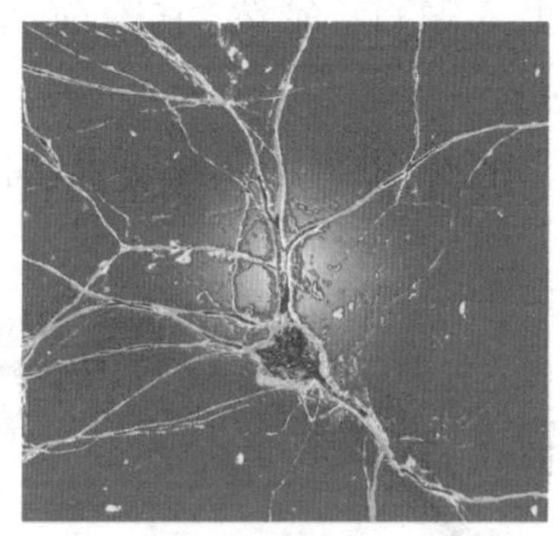

神经细胞

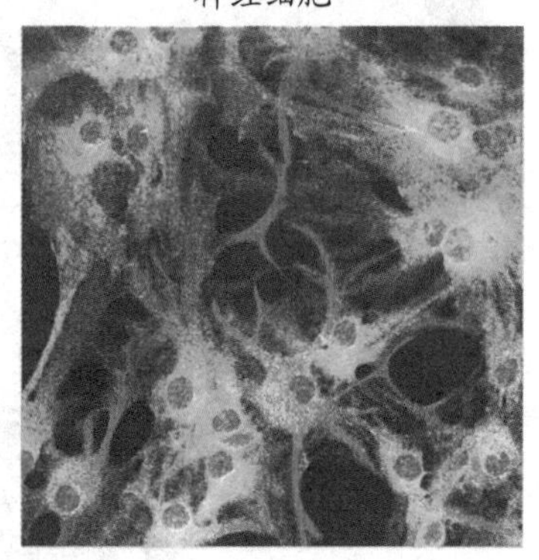

神经胶质细胞

五、纳米药物

纳米药物是一种分子药物，现在尚处于研究阶段，不过，已经很受世人瞩目。显然，它的前途是无量的。

那么，究竟何为纳米药物呢？事实上，其是指将药的原料物直接加工成纳米粒度的粒子。纳米药物具有可溶性好、方便吸收、在体内生长循环、隐形和立体等特点，并增加了药物的靶向性。

蝾螈

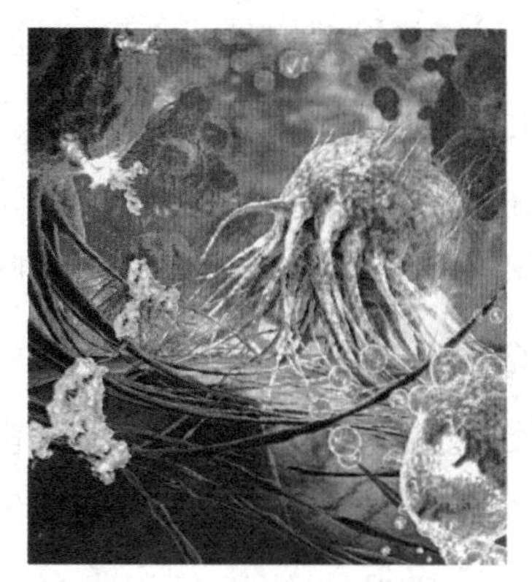

纳米药物可精确打击癌细胞

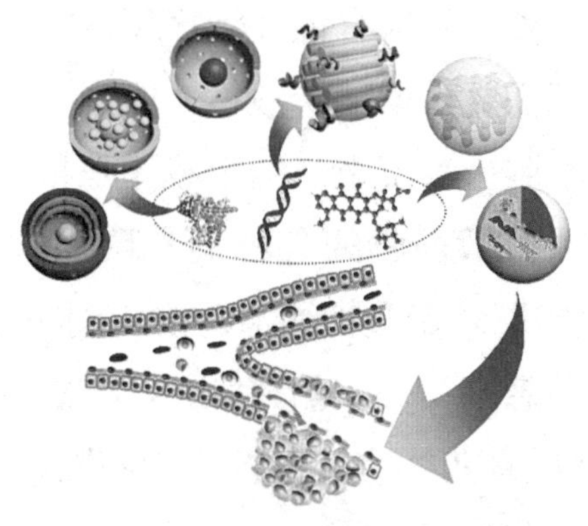

纳米药物载体系统

目前，科学家正在利用它治疗癌症、艾滋病等，结果发现艾滋病的病毒有一个特殊的“嗜好”：它喜欢 C60 粒子，并会与之结合。于是，科学家便顺其意，制成了以C60为核心的靶向药物，希望灭杀艾滋病毒。

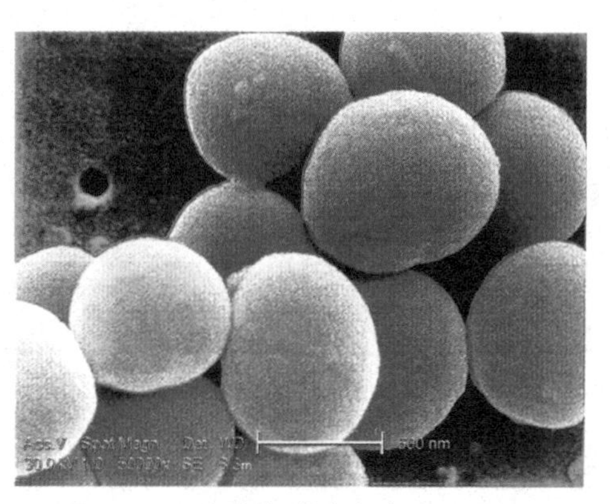

金黄色葡萄球菌

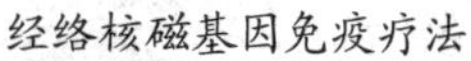

经络核磁基因免疫疗法

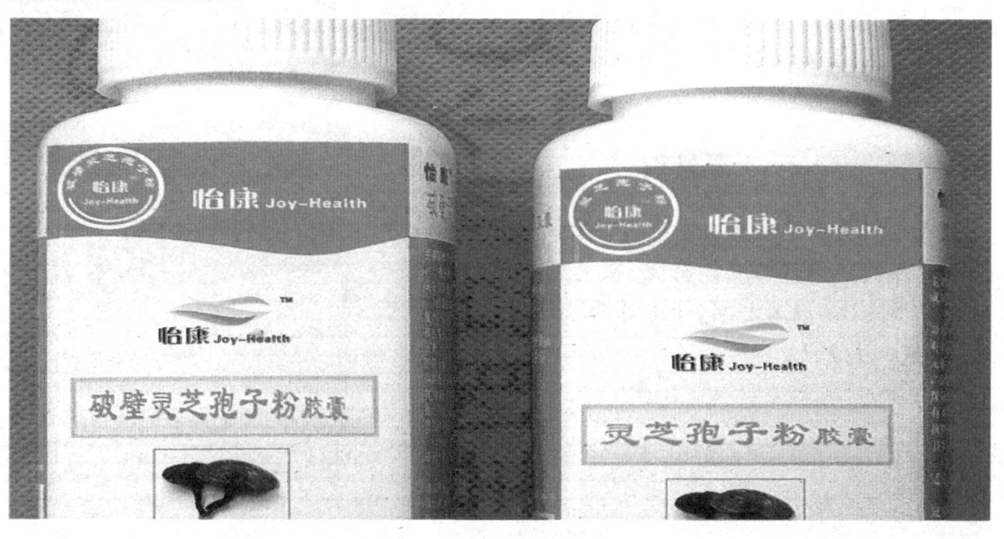

另外，目前有很多治疗癌症的药物都需要借助纳米载体才能到达感染细胞。事实上，纳米载体是指溶解或分散药物的各种纳米粒子、纳米脂质体、聚合物纳米囊、纳米球、纳米混悬剂等等。如，利用人工“囊泡”将微量药物直接送抵感染细胞，以达到靶向释药。

经过多年的潜心研究，我国科学家已经利用纳米技术研制出新一代抗菌药物——这是一种只有25纳米的棕色纳米抗菌颗粒，对大肠杆菌、金黄色葡萄球菌等致病微生物均有强烈的抑制和灭杀作用。由于该种药物是采用纯天然矿物质研制而成的，因此在使用时根本不会使细菌产生耐药性。

脂质体

脂质体是一种人工膜。在水中磷脂分子亲水头部插入水中，脂质体疏水尾部伸向空气，搅动后形成双层脂分子的球形脂质体，直径25~1000纳米不等。脂质体可用在转基因，或制备药物，利用脂质体可以和细胞膜融合的特点，将药物送入细胞内部。

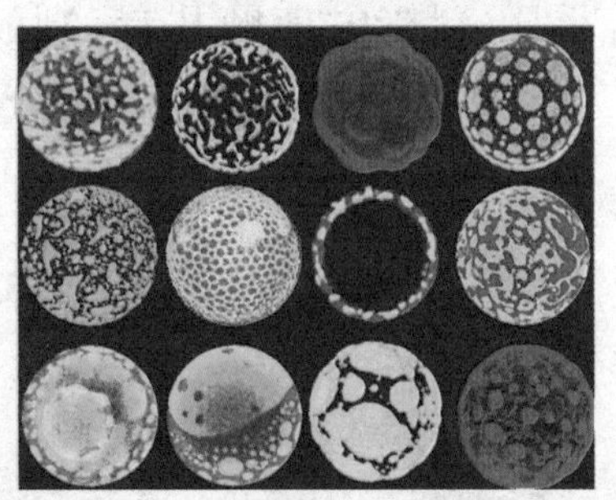
脂质体

混悬剂

混悬剂是指难溶性固体药物以微粒状态分散在介质中形成的非均匀的液体制剂。混悬剂中药物微粒一般在0.5～10微米之间，小者可为0.1微米，大者可达50微米或更大。

混悬剂

六、生物自疗

大自然是奇妙的，在自然界中又有许多神奇的物质，具有天然灭菌、再生和自疗的特点。随着纳米科技的莅临，若将这些物质加工成分子药物，必将会为人类带来福音。到那时，可能就不会再有什么困扰人们的顽疾。

那么，就让我们先领略一些能够进行自疗物质的奇异之处吧。

“活抗生素”石得菌可谓是所有菌类中最令人着迷的一种。它能将自己依附在特定的宿主身上，并从内部消灭它们。如若它将自己结合在宿主的双键DNA上，便可以阻止癌细胞的复制，扼杀刚崭露头角的癌细胞。

想必大家都知道这些现象吧：壁虎、蜥蜴的尾巴落掉了还可以再生；海星掉下来的一只角可以再生成一只完整的海星；蚯蚓被斩成数段，还照样能存活。但它们并不是真正最厉害的。墨西哥的蝾螈是世界上再生能力的冠军，即使是成年的蝾螈，也能够在几个星期内再生

失去的腿、颌骨，甚至心脏组织，等等。近年来，科学家又发现水陆两栖的动物有着更加令人吃惊的再生能力。

因此，科学家根据这些特点，研制出能修复受损器官的药物，以便利用它们能够唤醒人类自身的再生能力。

宿主

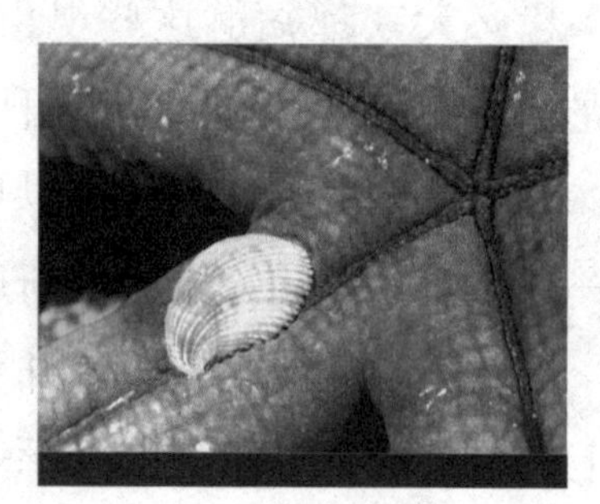

宿主

宿主也称为寄主，是指为寄生物包括寄生虫、病毒等提供生存环境的生物。

蝾螈

蝾螈是有尾两栖动物，体形和蜥蜴相似，但体表没有鳞，也是良好的观赏动物，包括北螈、蝾螈、大隐鳃鲵(一种大型的水栖蝾螈)。它们大部分都栖息在淡水和沼泽地区，主要是北半球的温带区域。它们靠皮肤来吸收水分，因此需要潮湿的生活环境。当环境到摄氏零下以后，它们便会进入冬眠状态。

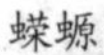

蝾螈

七、妙手回春之术：器官的完美修复

当下，随着纳米科技的高速发展，伟大的人类已经研制出人造耳蜗、人造眼球、人造红细胞、人造皮肤、人造牙齿、人造骨骼、活电线，甚至移植机体，等等。

人造耳蜗

人造耳蜗是一种替代人耳功能的电子装置。它可以帮助患有重度、极重度耳聋的人们恢复或提供听的感觉。

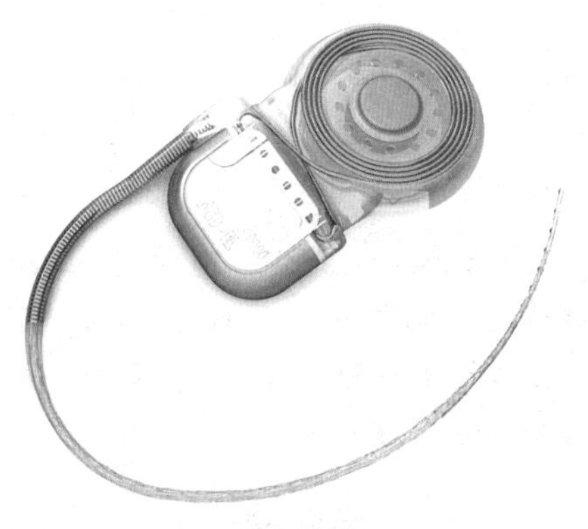
人造耳蜗

那么，它是如何“工作”的呢？人造“内耳迷路”是利用纳米材料制成的，其中，“隐藏”其内的毛细胞，小而精，能够接收细小声波的振荡，感受后再传向大脑。例如，若给先前听不见的人安装后，他们立即就能听见声音。

人造眼球

曾经，当人们发生意外或由于疾病而导致眼睛失明后，通常都会用狗眼、玻璃或聚合物作为人工眼球装入眼内，但这些植入物却很难与人体相容，往往会产生排斥反应。而利用纳米材料制成的纳米陶瓷眼球与眼睛的肌肉组织就能达到很好的融合，而且它们彼此之间还可以同步移动。

那么，纳米眼球是如何“工作”呢？原来利用纳米晶体制成的活性复合材料，大都用作眼球外壳，并在里面放置微型摄像机、集成芯片，而通过这两个部件就可以将影像信号转化为电脉冲，用以刺激视神经并传导给大脑神经，实现“看”的功能。

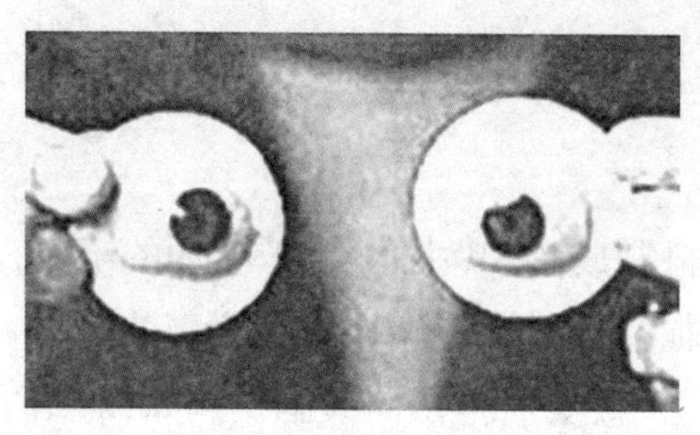

纳米眼球

人造红细胞

人造红细胞是由 180 个亿原子的纳米元件构成的，事实上，其不过就是利用电脑辅助模型，来描绘由单个原子组成的分子架构组成的纳米机器。

那么，人造红细胞都有何用途呢？

它可以直接注射到人类的血液中，以便可以发挥人造红细胞的作用，并可以作为人造氧气。

既然它们有如此之作用，那要怎么才能制造数量足够供给使用的人造红细胞呢？

森林是美丽的。但它再妖娆，也逃不过生命衍生的必然过程：每棵树最初不过都是一粒种子，然后通过一个细胞的不断复制再复制，才得以有后来的满目葱茏。那么，是否可以让人造红细胞来模仿自然界中的自我复制系统呢？答案当然是肯定的。因此，一旦能够让人造红细胞不断地复制自己，那我们必然能够生产出更多的人造血，也就不必再会为缺少血液而犯愁——才下眉头，却上心头。

内耳迷路

内耳迷路是人体在内耳深处的一个高、精、尖的传感器，它具有人体听觉和平衡的两大功能。负责听觉的器官叫耳蜗，里面有淋巴液和毛细胞。通常，一旦接收到微声波的振动，浸在耳蜗内淋巴液里的成千上万个毛细胞就像钢琴上的键一样，依次接收音符并传送到大脑。

电脉冲

电脉冲是电子产生的一个脉冲，脉冲就是在很短时间内变一次电压的过程。

八、探索纳米技术在中药之中的作用

中药可谓我们中华民族的瑰宝，是来自大自然生物的药物。在崇尚自然潮流越来越流行的今天，世界各国对中医药的兴趣也越来越浓，因此中医药进入世界医疗体系是必然的发展趋势。

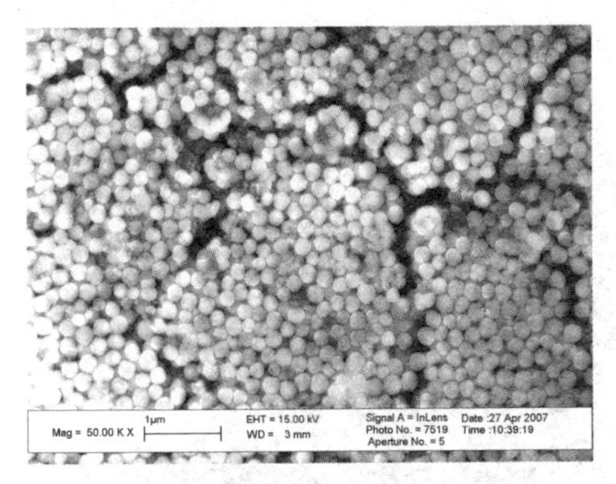

纳米中药研究

不过，因为中药长期以来都采用传统的煎煮方法，其中也只不过才提取了药材中所含成分的10%~30%。但若将中药加工成纳米药物，病人用药后，便可起到更好地治疗效果。例如，武汉华中科技大学的研究人员曾经将普通的牛黄加工成纳米颗粒，使它具有了极强的靶向作用，可以治疗疑难杂症。

那么，纳米中药到底有哪些不一样的治疗功效呢？

药物利用度大大被提高

药物的吸收度常受药物在吸收部位的溶出度所支配。纳米中药由于粒径小，比表面大，对组织的穿透力大，而这些恰恰均会大大提高生物利用度。

组织靶向性被增强，毒副作用大大的降低

传统中药的最大问题是药物的“定向，定时，定量，定性”。当药物进入人体后，并不如我们所期望的那样自动送到病患部位，所以这样

既达不到治愈的效果，还有可能在周围的一些部位产生副作用，因此怎样将药物的有效成分输送到病患部位，成了阻碍中药发展的最大难题。而纳米颗粒溶化后，其进行表面修饰就可以起到主动靶向作用，将药物定向的输送到病患的部位。

缓释功能

药物半衰期现象是个很重要的问题。有些中药的半衰期短，为了保证有效的药物浓度，就需要长期进药。不过，这样不仅会造成浪费，而且相当麻烦。而中药纳米粒径不但小而且容易包裹，从而可以进行表面修饰，也可以通过控制它的表面电荷，达到缓释的目的。

生物屏障不再是药物的障碍

纳米载体可以增加药物对生物膜、不同种类的黏膜和细胞膜的通透性，使它可以通过某些生理屏障，到达重要的靶位点，治疗一些特殊部位的病变。

纳米中药

中药药性被改变，产生新功效

纳米中药的一个很重要的标志就是药物的活性、药理性质发生改变。当药物纳米化后，可能会出现很多在常态下没有出现的性质，甚至会出现一些人们苦苦寻求的药性，或许产生新的功效，从而为中药的研究带来帮助，推动中药的研究发展。

当然，纳米中药不单单只有这几方面的优势，还有很多等待人们去挖掘、探索。因此，对青少年朋友来说，更应该努力学习文化知识，以期将来能够利用纳米技术发展中药产业，让我们的瑰宝更加“绚丽多姿”！

知识卡片

靶向

是指针对分子、细胞、个体等特定目标采取的行动。例如，药物分子对病源组织或细胞的定向传送或作用。

药物半衰期

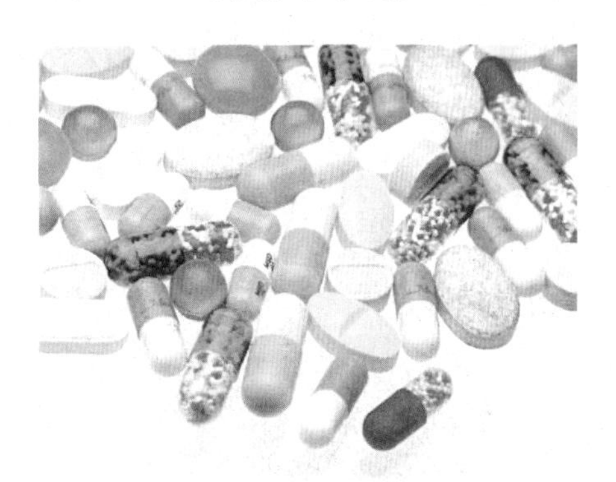

药物的半衰期一般指药物在血浆中最高浓度降低一半时所需的时间。例如，一个药物的半衰期（一般用 t1/2 表示）为 6 小时，那么过了 6 小时血药物浓度为最高值的一半；再过 6 小时又减去一半；再过 6 小时又减去一半，血中浓度仅为最高浓度的 1/8。

图书在版编目（CIP）数据

图说纳米世界 / 左玉河，李书源主编．-- 长春：吉林出版集团有限责任公司，2012.4

（中华青少年科学文化博览丛书 / 李营主编．科学技术卷）

ISBN 978-7-5463-8869-4-03

Ⅰ．①图… Ⅱ．①左… ②李… Ⅲ．①纳米技术－青年读物②纳米技术－少年读物 Ⅳ．①TB303-49

中国版本图书馆CIP数据核字（2012）第053656号

图说纳米世界

作　　者／左玉河　李书源
责任编辑／张西琳
开　　本／710mm×1000mm　1/16
印　　张／10
字　　数／150千字
版　　次／2012年4月第1版
印　　次／2021年5月第4次

出　　版／吉林出版集团股份有限公司（长春市福祉大路5788号龙腾国际A座）
发　　行／吉林音像出版社有限责任公司
地　　址／长春市福祉大路5788号龙腾国际A座13楼　　邮编：130117
印　　刷／三河市华晨印务有限公司

ISBN 978-7-5463-8869-4-03　　定价／39.80元